PAUL DE ROUSIERS

LES GRANDES INDUSTRIES MODERNES

II

La Métallurgie

LES
GRANDES INDUSTRIES MODERNES

MODERNES

II

OUVRAGES DE PAUL DE ROUSIERS

LIBRAIRIE ARMAND COLIN

LES GRANDS PORTS DE FRANCE : leur rôle économique. U.. volume in-18, bochré. (*Épuisé.*)

LES SYNDICATS INDUSTRIELS DE PRODUCTEURS en France et à l'étranger : Trusts, Cartells, Comptoirs, Ententes internationales (Nouvelle édition refondue, mise à jour et considérablement augmentée). Un volume in-18, broché.

LES INDUSTRIES MONOPOLISÉES (TRUSTS) AUX ÉTATS-UNIS. Un volume in-18, broché (Bibliothèque du Musée social). (*Épuisé.*)

LE TRADE-UNIONISME EN ANGLETERRE, par *Paul de Rousiers*, avec la collaboration de MM. *de Carbonnel, Festy, Fleury* et *Wilhelm*. Un volume in-18, broché (Bibliothèque du Musée social).

HAMBOURG ET L'ALLEMAGNE CONTEMPORAINE. Un volume in-18, broché. (*Épuisé.*)

L'ÉLITE DANS LA SOCIÉTÉ MODERNE : son rôle. Un volume in-18, broché.

LES GRANDES INDUSTRIES MODERNES :

Tome I : L'industrie houillère. — L'industrie pétrolière. — L'industrie hydro-électrique. Un volume in-16, broché.

Tome II : La métallurgie. Un volume in-16, broché.

LIBRAIRIE FIRMIN-DIDOT ET Cⁱᵉ

LA VIE AMÉRICAINE. Un fort volume in-4, avec une héliogravure, 320 reproductions photographiques et 10 cartes, couverture en couleurs par E. Grasset.

(Ouvrage couronné par l'Académie française, prix Marcellin Guéria.)

Le même ouvrage, non illustré, en 2 volumes in-18 jésus

I. *Ranches, fermes et usines.*

II. *L'Éducation et la Société.*

LA QUESTION OUVRIÈRE EN ANGLETERRE, avec une préface de Henri de Tourville. Un volume petit in-8, broché.

(Ouvrage couronné par l'Académie des Sciences morales et politiques.)

PAUL DE ROUSIERS

LES
GRANDES INDUSTRIES
MODERNES

II

La Métallurgie

LIBRAIRIE ARMAND COLIN
103, Boulevard Saint-Michel, Paris
1925

LES GRANDES INDUSTRIES
MODERNES

LA MÉTALLURGIE

INTRODUCTION

LA MÉTALLURGIE DU FER. — DIVISION DU SUJET.

La métallurgie comprend dans son ensemble le traitement de tous les métaux. Il y a une métallurgie du fer; mais il y a aussi une métallurgie du cuivre, de l'étain, du zinc, du plomb, du nickel, de l'aluminium, de l'argent, de l'or, etc.

C'est seulement de la métallurgie du fer que nous nous occuperons. Elle est de beaucoup la plus importante, tant par les usages nombreux de ses divers produits que par le chiffre très élevé du personnel qu'elle emploie et par l'importance des capitaux qu'elle met en jeu.

La raison principale des nombreux usages du fer et de ses dérivés se trouve dans la grande résistance de ce métal et dans son prix relativement faible. L'humanité n'a pas toujours su fabriquer le fer; mais les premiers et timides essais qu'elle a faits dans cette voie ont marqué une époque dans l'histoire de son développement matériel. Les outils imparfaits et rares en silex, en os, puis en bronze, ont fait place à des outils plus résistants, mieux adaptés à leur fin et beaucoup plus multipliés. Aujourd'hui encore, la forge-taillanderie de nos villages de France les plus isolés et les moins peuplés constitue l'atelier de fabrication le plus répandu et le plus élémentaire; de même que, dans les sociétés primitives, l'atelier métallurgique est parmi les premiers à s'établir.

On dit parfois que le degré de civilisation matérielle d'un peuple se mesure à la quantité de fer qu'il emploie. Il faut grandement se méfier de toutes les formules qui expliquent ou prétendent expliquer un état social complexe par la considération d'un seul élément. Elles sont toujours excessives. Mais il est assez exact de dire que, dans l'état actuel du monde, le degré de développement économique d'un pays est en rapport avec le tonnage de fer qu'il met en œuvre.

Il n'est pas, en effet, de branche de la production qui, pour se trouver à la hauteur des progrès techniques, ne doive recourir à la métallurgie. L'agriculture moderne nécessite des charrues, des herses, des rouleaux, des semoirs, des trieurs, des faucheuses, des moissonneuses, des batteuses, sans compter les charrettes, camions, moteurs à vapeur ou à pétrole, etc.

Aucune exploitation, même très modeste, ne peut se passer de quelques-uns au moins de ces outils, ni de fourches, de râteaux, bêches, haches, etc. Toute culture est aujourd'hui cliente de la métallurgie. Quant à l'industrie, au fur et à mesure que le travail à la main disparaît devant le travail mécanique, la machine se substitue à l'ouvrier pour la partie matérielle de l'opération, ne laissant à celui-ci que le soin de diriger, de surveiller et de discerner. Et cette machine est constituée pour la plus grande part, sinon dans sa totalité, par des éléments métallurgiques. Ce sont encore des chaudières, des machines à vapeur, des moteurs à combustion interne, des turbines et des dynamos qui fournissent à l'industrie l'énergie qui lui est nécessaire pour activer ces machines-outils. Là aussi, la construction mécanique emprunte à la métallurgie les matières premières qu'elle emploie. Enfin les transports modernes, chemins de fer, bateaux et navires en tôle d'acier, automobiles, bicyclettes, etc., recourent également à la métallurgie et comptent parmi les principaux facteurs de son développement.

Dans l'étude de la métallurgie, nous demeurerons fidèle au plan général que nous avons déjà exposé et que nous avons suivi dans l'examen de l'industrie houillère, de l'industrie pétrolière et de l'industrie hydro-électrique. Nous commencerons donc par observer l'action exercée par les conditions techniques de la fabrication sur l'organisation de l'atelier et spécialement sur le degré de concentration industrielle qu'il présente. Et dans cette première partie de notre tâche, nous ferons porter notre observation sur des ateliers métallurgiques pris indistinctement dans divers pays, les progrès techniques ayant les mêmes conséquences partout où ils sont appliqués, et les degrés différents de leur application permettant d'utiles comparaisons, ainsi que de précieuses vérifications.

Mais la technique même de l'industrie métallurgique apportera dans notre examen une complication que nous n'avons pas rencontrée jusqu'ici. L'extraction de la houille, celle du pétrole, la production de l'énergie hydro-électrique constituaient, dans les industries que nous avons étudiées, l'opération principale. Les travaux du jour ont sur le carreau de la mine un caractère accessoire. La fabrication du coke et les industries dont elle s'accompagne s'établissent parfois complètement en dehors de l'industrie houillère. Quant aux raffineries de pétrole, elles sont bien un accompagnement obligé de l'industrie pétrolière, le pétrole brut ne pouvant pas, comme le charbon, être utilisé tel qu'on le retire des profondeurs du sol; mais quelle que soit leur importance, elles n'exécutent qu'un même genre d'opération.

Au contraire, dans la métallurgie, le nombre des opérations successives par lesquelles doit passer la matière première avant d'arriver à son utilisation définitive s'allonge sensiblement. Le minerai de fer doit être extrait de la mine. C'est une première démarche se rapprochant beaucoup de l'industrie houillère. Nous entrons dans la fabrication avec la fusion du minerai, qui s'exécute dans le haut fourneau, et nous obtenons une fonte de première fusion. S'il s'agit d'une fonte de moulage, une seconde fusion nous permettra de l'utiliser pour arriver au produit fini; mais si, comme c'est le cas pour la partie du tonnage de beaucoup la plus importante, il s'agit d'une fonte d'affinage, nous sommes encore loin du produit fini. Suivant les cas, nous aurons encore à transformer cette fonte en fer par le puddlage, puis à donner au fer une forme correspondant à son usage par forgeage et laminage; ou bien, et c'est le cas le plus fréquent, notre fonte sera dirigée vers une aciérie pour être transformée en acier; de l'aciérie, le lingot passera aux divers trains de laminoirs et le produit laminé ne sera lui-même, dans l'hypothèse la plus simple, qu'un élément de construction des voies ferrées ou de l'industrie du bâtiment, tandis que de nouveaux traitements métallurgiques seront encore nécessaires, s'il doit être utilisé par la construction mécanique, la construction navale, le matériel des chemins de fer, la fabrication des armes de guerre.

Pour chacun des ateliers correspondant a chacune

des opérations successives indiquées, il nous faudra nous demander comment la technique propre à cette opération a influé sur l'organisation du travail et déterminé la constitution de l'atelier lui-même, à quel degré les progrès techniques ont nécessité la concentration industrielle et quels en ont été les résultats. Nous aurons ainsi l'explication des grandes usines métallurgiques.

Cette longue série d'opérations nous amènera à observer avec un soin particulier les phénomènes d'intégration qui se sont produits entre plusieurs d'entre elles. Nous verrons quels avantages offre la réunion sous une autorité commune de certains ateliers de la métallurgie, à quels obstacles se heurte la réunion de certains autres. Nous aurons ainsi l'explication des puissants établissements qui groupent sous leur sceptre tous les éléments de la production métallurgique et qui jouent dans l'ensemble de cette industrie un rôle de premier plan : le Creusot, Saint-Chamond et les établissements de Wendel en France ; Krupp, Hugo Stinnes, Thyssen, Stumm en Allemagne ; Armstrong, Wickers Maxim en Angleterre ; Cockerill en Belgique, le Trust de l'Acier aux États-Unis.

Il nous restera à examiner, dans chaque grand pays métallurgique, l'organisation du marché intérieur et extérieur, et, s'il y a lieu, les phénomènes de concentration commerciale dont ils sont le théâtre. Nous aurons ainsi l'explication des syndicats de producteurs, des ententes industrielles, cartells, comptoirs, etc., dont plusieurs ont exercé dans la métallurgie une action très marquée.

Le sujet de notre étude se trouvant ainsi divisé, nous commencerons par observer la première opération de la métallurgie, l'extraction du minerai de fer, matière première indispensable de tout objet en fonte, en fer ou en acier.

CHAPITRE I

Les mines de fer.

C'est en Lorraine que nous observerons les conditions d'organisation que les progrès de la technique imposent aux mines de fer. Cette région offre le grand avantage qu'on y rencontre à la fois le type primitif de la minière à ciel ouvert, survivance du passé, et le type moderne de la mine profonde, présentant tous les perfectionnements les plus récents et les complications qui en résultent. En comparant ces deux types, soumis l'un comme l'autre aux mêmes ambiances, nous aurons plus de chances de dégager sans méprise les caractères qui les distinguent.

En 1785, les minières lorraines fournissaient le minerai nécessaire à la fabrication annuelle d'environ 2 200 tonnes de fonte. Elles étaient cependant divisées en soixante exploitations différentes. C'étaient donc de très petites entreprises, fort rudimentaires, simples excavations à ciel ouvert, occupant un nombre très restreint d'ouvriers, d'une manière discontinue [1].

1. V. GRÉAU. *Le fer en Lorraine* et *Bulletin de la Société industrielle de l'Est*, de décembre 1922, sur les minières de Saint-Pancré : conférence de M. HOTTENGER.

Aujourd'hui, les quelques minières qui subsistent en Lorraine présentent généralement un peu plus d'importance.

Cependant ce sont toujours des exploitations à ciel ouvert, ne se distinguant des carrières ordinaires que par une forte proportion de déblais.

Elles se rencontrent surtout au Nord-Est du département de Meurthe-et-Moselle. Une des plus grandes est celle de la Côte-Rouge, située à 12 kilomètres de Longwy, à 4 kilomètres de la gare d'Hussigny-Godbrange, à la limite du Grand-Duché de Luxembourg. Voici les caractères qu'elle présentait peu de temps avant la guerre :

En pleine marche, le personnel employé comprenait 180 ouvriers. Souvent, d'ailleurs, ce chiffre se trouvait fortement diminué. Parfois, même, il fallait interrompre complètement le travail par suite de mauvais temps prolongé. Non seulement, en effet, les intempéries ne permettent pas le travail en plein air, mais elles occasionnent dans les minières des désordres qui arrêtent l'exploitation jusqu'à ce qu'ils soient réparés. La description de la minière de la Côte-Rouge explique ce grave inconvénient.

Imaginez une vaste excavation s'étendant sur une superficie d'environ 25 hectares et offrant une profondeur de 35 à 40 mètres. La première impression est celle d'un immense cirque, car tout le pourtour est étagé en gradins. Mais, au lieu d'être disposés pour la commodité des spectateurs, ces gradins sont des

voies assez larges pour permettre la circulation de
wagonnets Decauville. Ils aboutissent tous par des
rampes à une voie de service conduisant les wagonnets pleins de minerai à un chantier de chargement
sur wagons et les wagons pleins de parties stériles à un
amas de remblais. Tout le service de transports de
la minière dépend donc étroitement de l'existence et
du bon état de ces gradins étagés.

Quant à leur distance, elle est déterminée par
les besoins mêmes de l'exploitation. Il faut au minimum autant de gradins que le sous-sol présente de
couches diverses, de marière à mêler le moins possible les parties utilisables et les parties stériles.

Généralement, ces gradins reposent sur le sol
naturel; mais il arrive que, dans des terres mouvantes,
on soit contraint de les étayer. Le travail est exécuté
alors de la façon la plus élémentaire, car, au fur et à
mesure du progrès de l'exploitation, le cirque va
s'élargissant, les gradins se déplacent. Ils n'ont donc
jamais qu'un caractère temporaire.

Encore faut-il qu'ils puissent faire leur office aussi
longtemps qu'ils ne disparaîtront pas eux-mêmes
sous le coup de pioche des terrassiers. Une saison
de pluies un peu prolongée suffit souvent, à la Côte-
Rouge, à compromettre leur existence. Délités par
l'eau, les marnes du sol supérieur glissent du pourtour de l'excavation et s'épanchent suivant un plan
incliné qui vient barrer les voies de service établies
sur chaque gradin. C'est alors l'arrêt forcé de l'exploi-

tation, parfois pendant plusieurs semaines, la remise
en état nécessitant d'importants travaux de terrasse-
ment.

Ces travaux seraient beaucoup moindres et les
accidents qui les nécessitent présenteraient un caractère beaucoup moins grave si la minière avait une
profondeur plus faible. Mais il ne dépend pas des
exploitants de choisir à volonté cette profondeur.
À Côte-Rouge, la couche la plus riche, celle dont le
minerai présente la teneur en fer la plus haute et
la composition la plus avantageuse, est précisément
celle qui se trouve au niveau le plus bas. Force est
donc de descendre jusqu'à ce niveau; en fait,
c'est pour arriver à l'atteindre que le gisement est
exploité. Une coupe de ce gisement, indiquant les
couches successives de terrains et leur nature, permettra de saisir comment l'exploitation doit se
modeler sur la constitution géologique (V. fig. 1).

Ce que nous venons d'en dire suffit à dégager ses
caractères principaux.

En premier lieu, c'est une exploitation *élémentaire*. Elle exige simplement de bons terrassiers
dirigés par quelques chefs de chantiers et contre-
maîtres, sous la surveillance d'un seul ingénieur.
Lors de la visite que j'y ai faite, tous les ouvriers
étaient des Italiens, qui n'avaient jamais travaillé
dans une exploitation minière et qui ne se seraient
pas pliés probablement aux nécessités d'un travail
du fond dans une mine profonde.

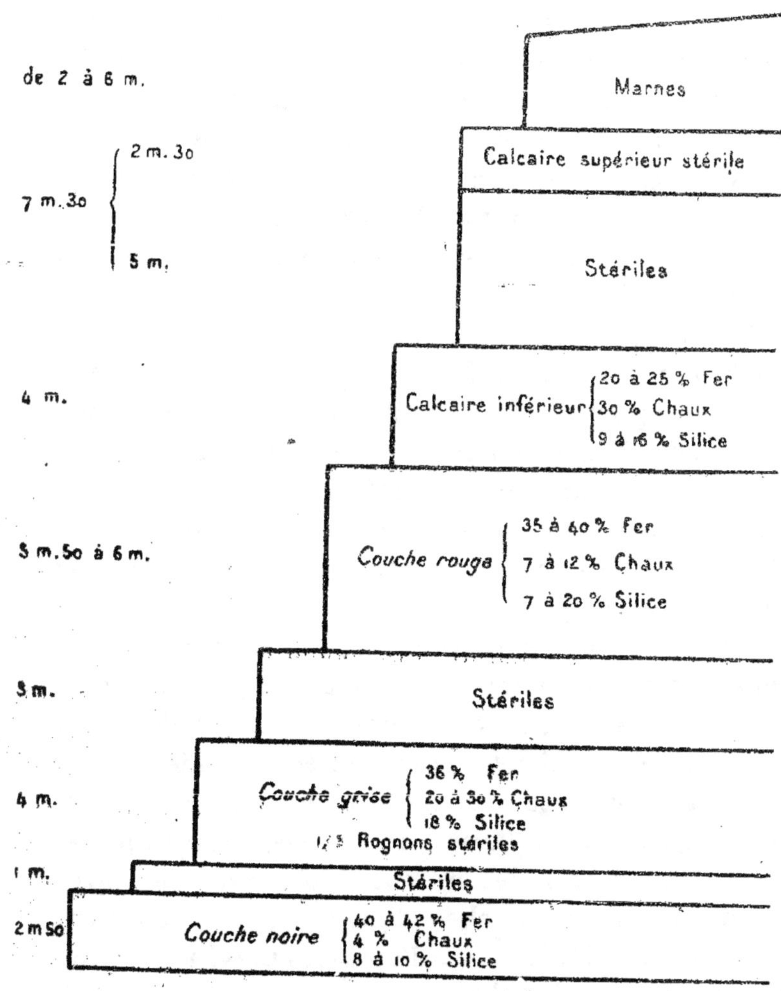

FIG. 1. — COUPE DE LA MINIÈRE DE CÔTE-ROUGE.

En second lieu, c'est une exploitation à *production incertaine*. Elle est à la merci des intempéries. Et la grande industrie métallurgique a besoin de régularité. Le haut fourneau, nous le verrons, est à feu continu. Il faut que son lit de fusion soit renouvelé à intervalles fixes, et le minerai est l'élément essentiel de ce lit de fusion, la matière première véritable, les autres éléments constituant surtout des agents de transformation.

Enfin les minières sont des exploitations à *production faible*; celle de Côte-Rouge, qui compte, avons-nous dit, parmi les plus importantes de la Lorraine, ne donne à son maximum de rendement qu'une centaine de tonnes de minerai par jour, et cela irrégulièrement, alors qu'un seul haut fourneau lorrain de dimensions moyennes consomme plus de 500 tonnes de minerai par jour.

Par suite, la métallurgie moderne n'aurait jamais pu prendre le développement qui a si largement grandi son rôle, si les mines profondes de minerai de fer ne lui avaient pas fourni une matière première régulière et abondante. La minière est une survivance d'un ancien état de choses. Au surplus, elle est appelée à disparaître par le prompt épuisement des gisements modestes qu'elle exploite. La Côte-Rouge, ouverte en 1884, ne doit, d'après les prévisions, durer guère au delà de 1930. Nous verrons dans l'étude du marché français de minerai de fer le rôle de plus en plus modeste des minières dans la production totale.

Entre les minières et les mines profondes, il faut signaler un type intermédiaire, celui de la mine à galerie inclinée. Lorsque le relief du sol est accentué dans le voisinage immédiat d'un gisement de faible profondeur, il arrive qu'on ait avantage à l'atteindre par une galerie inclinée ouverte à flanc de coteau, au lieu de recourir au forage d'un puits vertical. On rencontre quelques échantillons de ce type en Lorraine, par exemple à Bois-du-Four, près de Pont-Saint-Vincent. La complication y est déjà plus grande que dans la minière, le nombre des ouvriers plus important, les capitaux mis en jeu plus considérables, les problèmes techniques plus difficiles à résoudre; mais d'autre part, la productivité est plus grande et le rendement plus régulier. On s'achemine vers un état de choses plus en rapport avec les exigences des hauts fourneaux modernes. Toutefois, ce n'est là qu'une solution un peu exceptionnelle, liée à une situation particulière de certains gisements et restreinte à des profondeurs relativement faibles. Avec le type des mines profondes, au contraire, nous avons une solution susceptible de nombreuses et importantes applications.

Tous les problèmes techniques que nous avons signalés pour l'exploitation des houillères se retrouvent ici : percement et armement de puits verticaux; établissement, boisage et équipement des galeries; évacuation de l'eau; aération des galeries et des postes; fourniture d'énergie, etc. Nous ne les reprendrons pas à nouveau. Ils présentent, en Lorraine, moins de difficultés, parce que les couches de minerai de fer exploitées dans les mines du bassin de Briey sont situées sous une épaisseur de morts-terrains de 100 à 200 mètres, en général. Les chiffres extrêmes cités par les ingénieurs sont de 60 mètres à 240 mètres[1]. La plupart des couches de houilles en exploitation, soit en France, soit à l'étranger, dépassent sensiblement ces profondeurs. Nous aurons donc toutes les conséquences de l'exploitation houillère moderne, mais avec une atténuation.

L'observation du bassin de Briey offre un intérêt particulier à plusieurs points de vue. En premier lieu, il est le plus récemment exploité. Nous verrons plus loin pourquoi les minettes phosphoreuses qu'il contient ne sont devenues pratiquement utilisables que grâce au procédé basique de transformation de la fonte en acier dans la cornue Bessemer. Thomas et Gilchrist ayant mis leur invention au point vers 1880, c'est surtout à partir du commencement du présent siècle que les mines de fer lorraines ont été largement exploitées.

Le minerai lorrain a, d'autre part, l'avantage d'être plus compact que le minerai à gangue siliceuse du bassin de Longwy. Du moment que des procédés techniques appropriés permettaient de l'utiliser, il a pu entrer dans le lit de fusion de hauts fourneaux

---

1. V. Gréau, *loc. cit.* et *Bulletin de la Société d'Encouragement à l'Industrie nationale*, octobre 1916, p. 241.

éloignés, comme de hauts fourneaux proches; sa zone d'utilisation s'est trouvée ainsi élargie et il a été possible de l'exploiter en grand sans risquer d'aboutir à une production excessive. Nous verrons plus tard l'importance de cet élément au point de vue économique et commercial, quand nous étudierons le marché métallurgique français. Notons tout de suite, ici, l'action qu'il a exercée sur l'importance des exploitations.

Transportons-nous dans une de ces mines nouvellement ouvertes et pourvues des perfectionnements les plus récents. Voici, par exemple, la mine d'Auboué, établie en 1901 par la Société des Hauts Fourneaux et Fonderies de Pont-à-Mousson, à peu de distance du champ de bataille de Saint-Privat. La profondeur de la couche exploitée est de 120 mètres. A l'époque où je visite la mine, en juillet 1911, trois puits la desservent; l'épuisement de l'eau est assuré par des pompes pouvant remonter à la surface 47 mètres cubes d'eau à la minute; leur débit ordinaire est de 6 à 7 mètres cubes à la minute. Un ventilateur Mortier de 40 HP est installé pour l'aération. La concession d'Auboué proprement dite s'étend sur 671 hectares; celle de Moineville, non encore exploitée en 1911, mais contiguë, mesure 760 hectares. C'est un ensemble de 1437 hectares. Rappelons-nous que la minière de la Côte-Rouge, l'une des plus importantes cependant, présente une excavation de 25 hectares sur une concession totale de 35 hectares. Les galeries principales percées en 1911 ont une longueur de 40 kilomètres et s'allongent tous les jours, sans compter les galeries secondaires dont le kilométrage est beaucoup plus imposant. Quant au nombre des ouvriers, il atteint en décembre 1923 le chiffre de 561 pour la seule mine d'Auboué, malgré la longue période d'arrêt que la guerre a causée à l'exploitation. A la même époque, l'extraction annuelle de minerai dépasse sensiblement 700 000 tonnes (707 943 tonnes en 1922 et 668 657 tonnes pour les dix premiers mois de 1923). Ajoutez à ces quelques indications qu'il a fallu créer des logements pour la plupart de ces ouvriers recrutés au loin, en grande partie à l'étranger, et auxquels l'ancien village d'Auboué n'était pas en mesure d'offrir un abri. 472 logements étaient déjà construits ou en construction au moment de ma visite; ils sont actuellement au nombre de 556. Nous sommes bien en présence d'une grande entreprise présentant tous les caractères de la concentration industrielle : personnel nombreux, technique complexe, capitaux engagés importants. Et on n'est pas au terme des frais de premier établissement, puisque Moineville n'est pas encore exploité à cette époque. A la mine de Saint-Pierremont, également située dans le bassin de Briey, tout récemment ouverte, mais en plein rendement, on estime que les frais de premier établissement atteignent 18 millions de francs. Nous sommes en 1911 et notre franc est sensiblement à la parité de l'or.

Tout ce gros effort de personnel, de technicité et d'argent a été dépensé pour extraire du minerai de fer, produit pauvre, contenant suivant les couches exploitées à Auboué, de 36 à 37 p. 100 de fer, de 9 à 12 p. 100 de chaux, de 7 à 8 p. 100 de silice. Il vaut à ce moment de 5 à 7 francs la tonne.

Ainsi, grosses immobilisations avant l'obtention d'un produit quelconque ; capital d'exploitation important et, en contre-partie, une marchandise de peu de valeur. Voilà les données essentielles qu'il faut mettre en équilibre. Pour cela, une double nécessité s'impose et nous allons voir qu'elle domine la conduite de l'entreprise. Il faut, en premier lieu, produire en grande quantité, pour répartir ces gros frais sur un tonnage de minerais tel qu'ils se réduisent proportionlement à un chiffre faible. Il faut, en second lieu, éviter les manutentions inutiles et multiplier l'emploi des moyens mécaniques, de façon que la main-d'œuvre humaine intervienne le moins possible, car toute incorporation d'un salaire élevé à ce produit pauvre risque de compromettre l'équilibre nécessaire.

La première condition ne peut guère s'obtenir que progressivement. L'exploitation a commencé à Auboué avec un seul puits, le second a été mis en service en 1905, le troisième en 1908.

		Tonnes de minerai.
En 1901 on a extrait seulement.		37 000
1902 —		213 000
1907 —		1 034 000
1910 —		1 681 000
1912 —		1 840 992
1913 —		2 008 529

La grande guerre est venue interrompre cette progression continue. Actuellement, les chiffres d'extraction atteignent 707 943 tonnes pour Auboué seul et 2 187 422 tonnes pour l'ensemble des mines de fer appartenant à la Société des Hauts Fourneaux et Fonderies de Pont-à-Mousson.

La seconde condition est obtenue dès le début. Une série d'ingénieuses combinaisons substituent le travail mécanique au travail à la main dans toute la mesure du possible et l'effort tend à accroître encore cette mesure. Dans la mine, l'emploi généralisé de marteaux pneumatiques ou de marteaux électriques réduit le travail du mineur pour l'abattage du minerai plus qu'on ne peut le faire dans les mines de houille françaises pour l'abattage du charbon. L'absence de grisou permet la traction électrique des bennes dans les galeries et la suppression des chevaux, mulets, voire des hommes employés à les remorquer ou à les pousser. Au jour, une installation très complète assure le déchargement des bennes et le chargement automatique de leur contenu sur wagon. En remontant du puits, les bennes ou berlines, comme on les appelle communément, aboutissent à des ponts roulants « culbuteurs de berlines ». Ces ponts sont munis d'un dispositif qui fait basculer la benne à son arrivée, de façon que tout le minerai qu'elle contient soit précipité dans le vide. Au-dessous de chacun d'eux, des rames de wagons sont placées de manière à recevoir ce minerai; les wagons, une fois chargés à plein, sont dirigés sur

leur destination, tandis que les bennes vides redes-
cendent au fond du puits pour y prendre un chargement nouveau. Toute l'opération s'exécute rapidement,
régulièrement et c'est plaisir de voir monter et descendre dans un mouvement perpétuel et bien ordonné
des séries de bennes, en même temps que se poursuit
sans perte de temps la mise du minerai sur wagon.

Grâce à un phénomène d'intégration sur lequel
nous aurons à revenir plus tard, l'importante force
motrice nécessaire pour assurer cet automatisme est
fournie à la mine d'Auboué par les hauts fourneaux
à récupération de gaz installés sur place par la société
de Pont-à-Mousson. Un échange de services s'établit
ainsi entre la mine et le haut fourneau, la première
procurant au second sa matière première sans lui
imposer d'inutiles et onéreux transports, le second
faisant bénéficier la première de la source d'énergie
qu'il porte en soi. Aussi l'intégration de la mine de
fer au haut fourneau est-elle fréquente en Lorraine;
nous la retrouverons à Homécourt, à Jœuf, etc.

Si, au sortir d'une mine moderne constituée comme
celle d'Auboué, on se reporte aux souvenirs emportés
de la visite d'une minière semblable à celle de la
Côte-Rouge, la comparaison des deux entreprises fait
ressortir leur caractère respectif. A Auboué, nous
sommes en face d'une entreprise adaptée aux besoins
de la métallurgie moderne et qui, par suite, a
l'avenir pour elle; à Côte-Rouge, nous assistions à la
fin d'un régime; nous avions sous les yeux un témoin

d'un type en voie de disparition. Les statistiques lorraines confirment d'ailleurs cette impression.

En 1871, le département de Meurthe-et-Moselle comptait 21 mines de fer et 20 minières produisant ensemble 1 million de tonnes de minerais. En 1900, les chiffres étaient de 49 pour les mines, de 18 pour les minières et de 4 millions et demi de tonnes pour la production. En 1913, le nombre des mines n'est plus que de 39, le nombre des minières est de 9, et la production atteint 19 978 937 tonnes. Mais dans ce total, la part des minières demeure très modeste, 349 654 tonnes seulement[1]. Ce sont donc bien les mines qui ont extrait la grande masse du tonnage. C'est à elles seules qu'est dû l'essor merveilleux dont témoignent les chiffres ci-dessus. Et loin que leur nombre ait augmenté en proportion du tonnage produit, nous le voyons diminuer dans le même temps que la production s'accroît, preuve certaine d'un mouvement marqué de concentration industrielle.

Auboué représentait d'ailleurs, avant la guerre, le degré le plus élevé de cette concentration. La mine d'Homécourt la suivait de près, en 1913, avec 1 785 548 tonnes; puis venaient Pienne, avec 1 131 184 tonnes et Tucqueignieux, avec 1 113 200 tonnes. Ces quatre exploitations dépassaient ensemble 6 millions de tonnes.

On trouve des exemples plus frappants encore de

---

1. *Bulletin du Comité des Forges*, nᵒˢ 3212 et 3228.

concentration industrielle dans l'industrie houillère; la profondeur plus grande de la plupart des gisements et la proportion plus élevée des frais d'établissement préparatoire et des frais d'exploitation qui en résultent suffisent à expliquer cette différence, comme nous l'avons déjà noté.

En sens contraire, l'aléa est peut-être plus redoutable dans les mines métalliques, en raison de l'épuisement plus rapide des gisements, d'où résulte la nécessité d'amortir très rapidement les capitaux engagés sur la période relativement brève de bénéfices possibles. Souvent on prévoit un taux d'amortissement de 10 ou 15 p. 100 pour les frais de premier établissement. Il faut, naturellement, que les circonstances soient favorables pour que l'exploitation puisse supporter cette charge.

Quoi qu'il en soit du degré respectif de concentration industrielle que présentent les mines de houille, d'une part, et les mines de fer, de l'autre, un fait est avéré, c'est que seule l'exploitation par puits verticaux et galeries souterraines peut assurer les besoins des hauts fourneaux modernes et que cette exploitation entraîne forcément la grande entreprise à personnel nombreux, à direction compétente et à gros capital.

Voyons maintenant ce qui se produit au premier stade de la transformation du minerai de fer.

CHAPITRE II

La réduction du minerai.

La réduction du minerai s'opère généralement aujourd'hui dans le haut fourneau, qui produit de la fonte. Mais il n'en était pas ainsi primitivement et, sans présenter un historique détaillé de l'évolution de la technique, il est intéressant de noter ses principaux stades et de constater qu'elle a toujours marché dans le sens de la division du travail et de la concentration industrielle.

Malgré l'apparence, ces deux phénomènes ne sont nullement exclusifs l'un de l'autre; en général, au contraire, ils s'accompagnent et se complètent l'un l'autre, non seulement dans la métallurgie, mais dans un grand nombre d'autres fabrications. On divise généralement le travail, on en décompose les diverses opérations pour les faire exécuter plus rapidement, ou plus parfaitement, ou plus simplement. Et, comme nous aurons souvent l'occasion de le constater, ces opérations décomposées, simplifiées se prêtent à l'automatisme. Par suite, elles provoquent le remplacement de l'ouvrier par la machine, le remplacement de la fabrication à la main par la fabrication mécanique, et la fabrication mécanique est une des causes les plus agissantes de la concentration industrielle. La plupart du temps, la division du travail prépare l'avènement du machinisme et de la grande usine.

Voyons comment les choses se sont passées, dans la métallurgie, pour le traitement du minerai.

1. — LA MÉTHODE ANCIENNE DE RÉDUCTION DIRECTE. LES FORGES CATALANES.

Pour extraire du minerai de fer le métal qu'il contient, il faut effectuer la réduction de ce minerai. C'est une opération thermique au cours de laquelle le métal se sépare des corps étrangers qui l'entourent, c'est-à-dire de sa gangue, et s'incorpore des éléments de carbone. Tel est le principe général, le fait caractéristique. Mais on a employé successivement des méthodes diverses pour obtenir ce résultat.

La méthode élémentaire, dite méthode des forges catalanes, aboutissait directement au fer. Le minerai était traité dans des bas foyers remplis de charbon de bois incandescent, dans lesquels la combustion s'activait au moyen de souffleries à bras ou à moteur hydraulique. Sous l'action de la chaleur, et au contact du charbon, des grains de métal se formaient, s'agglutinaient ensemble et constituaient une loupe présentant l'aspect d'une éponge dont les interstices étaient remplis de scories. La loupe devait ensuite être martelée par des martinets qui expulsaient les scories. On obtenait ainsi du fer, directement, sans passer par aucun intermédiaire.

Donc pas de division de travail. Le même atelier menait à bien l'opération tout entière. Il recevait du minerai et du charbon de bois et il livrait du fer. Non seulement il transformait le minerai en fer, mais il transformait aussi le fer brut en objets de fer, en produits finis utilisables par la clientèle.

Pas de concentration industrielle non plus. Les forges catalanes étaient de très petits ateliers, qu'un patron et quelques aides suffisaient à faire marcher. On les rencontrait aux approches des forêts ou, en tous cas, dans des pays boisés, non loin des gisements de minerai, sur un cours d'eau fournissant une chute. C'étaient des ateliers dispersés.

Ils pouvaient l'être d'autant plus facilement que leurs exigences étaient modestes. Un faible approvisionnement de minerai leur suffisait et les moindres gisements les alimentaient pendant longtemps. Il leur fallait également de petites quantités de charbon. Un ruisseau, dans un pays accidenté, permettait l'établissement d'une chute capable de fournir la force motrice nécessaire. Enfin, une seule famille recrutait parfois le personnel ouvrier, de même qu'elle possédait l'atelier, son outillage et son fonds de roulement.

Mais une double infériorité pesait sur la forge catalane et la condamnait par avance à disparaître au fur et à mesure que des progrès se réalisaient.

La première de ces infériorités était d'ordre économique. Elle consistait dans ce fait que la production faible, lente et limitée, avait par surcroît l'inconvénient d'être coûteuse. Elle était faible, à cause de la dimension même de l'atelier; lente, parce que le travail s'exécutait entièrement à la main sous réserve de l'aide fournie par la chute d'eau; limitée, parce que le procédé employé ne permettait pas d'obtenir de grosses pièces de forge. Impossible, par conséquent, de produire autre chose que des objets de dimension restreinte, de telle sorte que la clientèle de la métallurgie se trouvait également renfermée dans un cercle étroit. Mais surtout la méthode était coûteuse parce qu'une petite pièce de fer nécessitait une grande quantité de main-d'œuvre. Un verrou, un gond de porte, un fer de cheval représentaient plusieurs heures de travail humain et, quelle que fût la somme de monnaie dont on les rémunérât, cette somme correspondait aux besoins d'un ouvrier pendant un temps notable. Elle était donc proportionnellement élevée. Dans ces conditions, les usages du fer ne pouvaient pas se multiplier. La métallurgie n'aurait pas joué le rôle qu'elle tient dans nos sociétés modernes si elle n'avait pas transformé ses méthodes.

La seconde infériorité de la forge catalane était d'ordre technique. Elle offrait un caractère plus dangereux encore, parce que tout progrès de la fabrication la mettait en relief et la faisait, pour ainsi dire, toucher du doigt par les praticiens, alors que l'infériorité économique n'éclatait pas ouvertement et ne se révélait qu'à un observateur attentif. En effet, la forge catalane utilisait mal le minerai. Pour s'en rendre compte, quelques explications sont nécessaires.

Le minerai de fer est un oxyde de fer. Il se réduit à une haute température et en absorbant du carbone. Le fer contient 0,05 p. 100 de carbone; mais il existe un autre état du métal qui comporte de 3 à 4 p. 100 de carbone. C'est la fonte. Il est forcé que le minerai réduit en fonte soit mieux utilisé que le minerai réduit en fer, puisque le minerai ne se réduit qu'en absorbant du carbone et qu'il en absorbe 60 à 80 fois plus si on le transforme en fonte que si on le transforme en fer.

Le jour où cela fut connu des métallurgistes, au moins d'une connaissance pratique, le jour où ils surent que le minerai de fer était mieux utilisé en passant par la fonte qu'en obtenant directement du fer, c'en fut fait des forges catalanes. Elles ne subsistèrent plus qu'à l'état d'exception, dans des contrées isolées où les circonstances locales ne permettaient que ces ateliers peu nombreux et élémentaires. Aujourd'hui, il arrive que des établissements métallurgiques modernes traitent à nouveau les scories accumulées par d'anciennes forges catalanes pour en retirer le métal que leur méthode imparfaite les amenait à sacrifier.

2. — LA MÉTHODE INDIRECTE. — LE HAUT FOURNEAU.

La découverte de la fonte remonte au XIIIe siècle. Elle résulte de circonstances accidentelles, un métallurgiste ayant remarqué que le minerai de fer mis en contact avec une quantité plus grande de charbon et soumis à une température exceptionnellement élevée dans le bas-foyer, livrait un métal différent du fer, mais laissant beaucoup moins de scories. Il s'agissait donc d'obtenir régulièrement ce qui s'était produit accidentellement, d'abord en augmentant la quantité de charbon employée, puis en activant la combustion au moyen de souffleries plus puissantes et en évitant la grande déperdition de chaleur que comporte le bas-foyer. On était sur la voie qui devait conduire à l'invention du haut fourneau.

Notons dès à présent que la fabrication de la fonte apportait dans la métallurgie deux éléments considérables de progrès. Elle permettait, en premier lieu, de produire du fer moins cher et avec une meilleure utilisation du minerai, en réduisant celui-ci en fonte, puis en décarburant cette fonte, c'est-à-dire en lui enlevant son excès de carbone pour l'affiner et la transformer en fer. En second lieu, la fonte elle-même, plus facilement fusible que le fer, pouvait être utilisée en vue du moulage d'objets de toutes dimensions. C'était une nouvelle branche d'industrie qui se créati.

Désormais on distinguerait deux grandes espèces de fonte, la fonte d'affinage, destinée à fournir du fer ou de l'acier, et la fonte de moulage utilisée dans les fonderies de seconde fusion.

L'ancêtre du haut fourneau fut le four soufflant d'origine germanique *(Blaseofen)*, caractérisé par la puissance de ses souffleries. Il s'élevait à une hauteur de 3 mètres environ; mais la convenance d'accroître ses dimensions pour obtenir une température plus élevée et une moindre déperdition de chaleur, le haussa assez vite jusqu'à 5 mètres, et les hommes de ce temps, impressionnés par l'importance de cet ouvrage, le dénommèrent haut fourneau *(Hochofen)*.

Le désir d'aboutir à une opération d'une plus grande perfection technique aurait encore accru probablement les dimensions du haut fourneau si, pendant près de cinq siècles, ces dimensions ne s'étaient trouvées limitées par la production d'un élément essentiel, le charbon de bois. Jusque vers la seconde moitié du xviiiᵉ siècle, en effet, le charbon de bois était seul employé pour la réduction du minerai. Par suite, la capacité du haut fourneau était étroitement liée à la capacité de rendement de la forêt voisine et, dans l'état élémentaire des transports en usage à cette époque, le voisinage devait être proche. L'augmentation des dimensions du haut fourneau trouvait donc un double obstacle, tout au moins un double frein, dans la production constante de la forêt et dans la médiocrité des moyens de transports.

On peut mesurer par un exemple contemporain l'influence du frein que le traitement du minerai au charbon de bois opposait à l'essor de la métallurgie. En Russie, dans la région de l'Oural, il existe encore des hauts fourneaux au bois, généralement liés à des aciéries et à des tôleries. On calcule que, pour produire annuellement 1 mètre carré de tôle fine, un usinier doit disposer de 5000 mètres carrés, soit un demi-hectare de forêts. Et cependant les forêts dont il s'agit sont des forêts de pins exploitées à cent ans, en futaies, et donnant 300 stères de bois à l'hectare[1]. Ce n'est pas à dire qu'il faille le charbon de 150 stères de bois pour fabriquer ce mètre carré de tôle fine; il en faut seulement la centième partie, soit 1 stère et demi, puisque la forêt est aménagée à cent ans; néanmoins la production annuelle de tôle correspondant à un haut fourneau donnant 200 tonnes de fonte par jour supposerait le voisinage proche et la libre disposition d'un immense territoire forestier.

C'est en Angleterre, vers 1750, que la métallurgie parvint à s'affranchir de la forêt en substituant, dans le haut fourneau, le coke au charbon de bois. Depuis longtemps déjà des recherches avaient été tentées pour utiliser la houille dans le lit de fusion; mais la houille, trop pâteuse, s'agglutinait au minerai; elle ne fut apte à remplir l'office auquel on la destinait qu'une fois transformée en coke, carbonisée et

1. *Revue économique internationale*, juin 1911, p. 554, article de M. E. DE LOISY.

débarrassée d'une série de matières volatiles. L'invention profita largement à l'Angleterre, dont les forêts avaient disparu devant les progrès de la culture et du pâturage et qui, d'autre part, était suffisamment pourvue de minerai et très riche en houille. Elle fut adoptée dans les autres pays avec plus ou moins de rapidité, suivant le degré de pénurie de charbon de bois qu'on y ressentait.

Aujourd'hui, le nombre des hauts fourneaux au bois est tout à fait négligeable dans l'ensemble de la production mondiale. On peut donc dire, d'une façon générale, que le lit de fusion du haut fourneau se compose des trois éléments suivants : le minerai, le coke et le fondant. Quant à la proportion dans laquelle chacun de ces éléments entre dans le lit de fusion, elle varie suivant la teneur du minerai lui-même (ou du mélange de minerais) en fer, en chaux et en silice. Elle varie aussi, nous le verrons, suivant les procédés auxquels on a recours pour économiser le combustible dans le haut fourneau. Cependant on peut donner cette indication que, dans un haut fourneau moderne avec récupération de gaz, on emploie de 850 à 1200 kilogrammes de coke pour obtenir une tonne de fonte[1].

Une description sommaire du haut fourneau est nécessaire pour la bonne intelligence de l'opération

---

1. *Bulletin de la Société d'Encouragement à l'Industrie nationale*, octobre 1916, p. 204. Conférence de M. L. GUILLET.

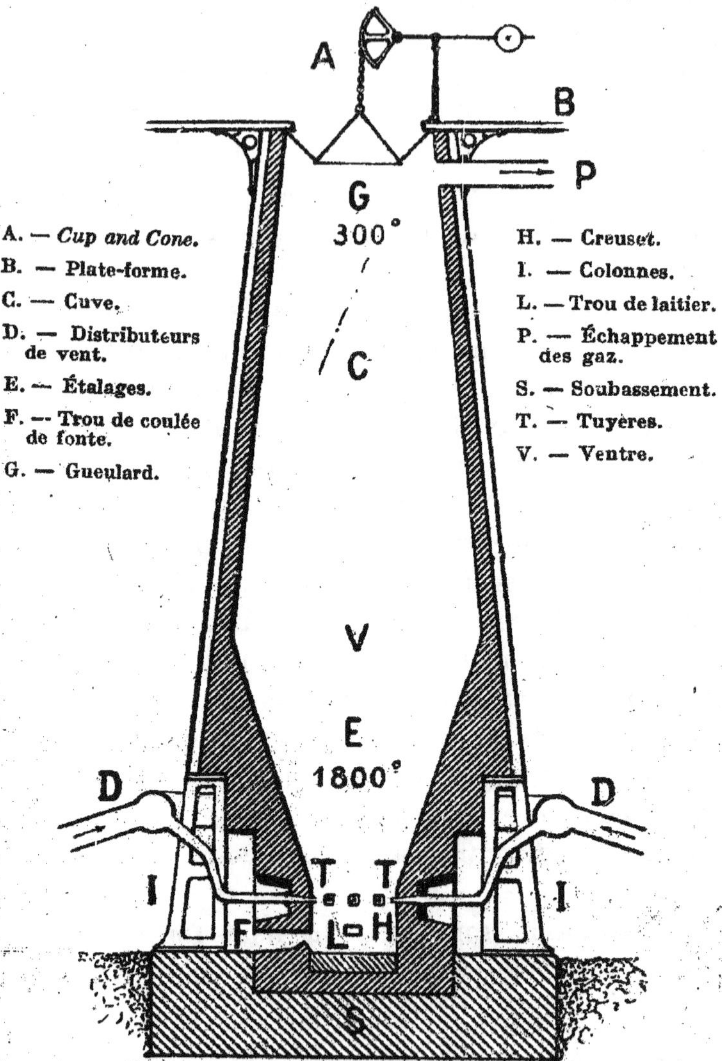

Fig. 2. — Coupe schématique d'un haut fourneau.

qui s'y effectue et des principaux progrès dont sa technique a été l'objet.

Le haut fourneau proprement dit se compose d'une grande cuve en briques réfractaires revêtue d'une armature de tôles d'acier; sa hauteur est d'une trentaine de mètres; sa largeur est variable dans ses différentes parties [1]. Au sommet, il affecte la forme d'un cylindre parfait; c'est le *gueulard*. Il va ensuite en s'évasant vers le bas jusqu'aux étalages et présente dans cette partie la forme d'un tronc de cône; c'est la *cuve*. Les *étalages* ont également une forme tronconique, mais en sens inverse; tandis que la cuve s'évase vers le bas pour faciliter la répartition de la charge introduite par le gueulard, les étalages vont en se rétrécissant pour ramener le lit de fusion vers le creuset au fur et à mesure que l'opération se poursuit. Le *creuset*, ou ouvrage, qui constitue la partie inférieure du haut fourneau, revient à la forme cylindrique.

Dans le haut fourneau moderne le chargement, c'est-à-dire l'introduction des divers éléments du lit de fusion, se fait automatiquement. Au voisinage proche sont établis des accumulateurs, sortes de dépôts dans lesquels on emmagasine, dans la proportion voulue, le minerai, le coke et le fondant. Un plan incliné part de ces accumulateurs pour atteindre le haut du gueulard et les bennes chargées le gravissent à intervalles réguliers sous l'action d'une commande

---

1. Voir la coupe schématique d'un haut fourneau, p. 34.

électrique. Arrivées au sommet, elles sont basculées par un dispositif de déclenchement et leur contenu se déverse dans le haut fourneau.

Mais le gueulard du haut fourneau moderne n'est pas constamment ouvert comme celui du haut fourneau primitif. On ne laisse plus perdre, en effet, les gaz précieux que produit la combustion du coke. Il est nécessaire, par suite, d'ouvrir le gueulard à point nommé et quelques instants seulement, au moment où la charge doit être introduite. A cet effet, une ouverture évasée est aménagée dans le centre du gueulard; c'est le *cup*, sorte de trémie facilitant le déversement de la charge. Mais il importe de la bien répartir et de provoquer le mouvement de précipitation vers les parois de la cuve. Un *cône* descendu à quelque distance du *cup*, au moment de l'admission de la charge, remplit cet office. Les éléments du lit de fusion rencontrent forcément sa surface inclinée et se répandent ensuite suivant la ligne de sa pente. Aussitôt la charge écoulée, le cône est remonté vivement et vient obturer hermétiquement l'ouverture du *cup*. Aucune déperdition de gaz n'a plus lieu. Une conduite d'évacuation placée latéralement, dans la partie supérieure du gueulard, permet de les recueillir pour les utiliser de la façon que nous verrons plus loin.

A la base des étalages, au sommet du creuset, par conséquent, se trouve le plan des tuyères. C'est par les tuyères qu'arrive l'air des machines soufflantes destiné à activer la combustion. Une température de 1800° règne à ce niveau dans le haut fourneau. Elle est seulement de 200 à 300° à la hauteur du gueulard[1].

Toutes les deux heures, quand la fonte est destinée à l'affinage, la coulée a lieu par l'orifice placé au point le plus bas de l'ouvrage. Toutes les vingt-quatre heures, on ouvre l'orifice situé un peu au-dessous du plan des tuyères pour laisser écouler le laitier, c'est-à-dire l'ensemble des scories de la fabrication de la fonte. C'est un liquide produit par la fusion des gangues et les résidus stériles. Comme la fonte, il s'accumule dans le creuset, mais étant d'une densité moindre, il surnage. C'est pourquoi on le recueille dans la partie supérieure de l'ouvrage.

Ces indications sommaires permettent de comprendre l'opération essentielle qui se réalise dans le haut fourneau. Elles seraient à peu près suffisantes pour saisir comment elle se réalise dans un haut fourneau du type ancien, sans récupération de gaz, avec soufflage de vent froid par les tuyères. Mais aujourd'hui les gaz. qui s'échappaient autrefois en pure perte par le gueulard, sont soigneusement récupérés et servent à divers usages que nous aurons à mentionner plus loin et dont l'action a été puissante sur le phénomène de l'intégration dans la métallurgie. L'un d'eux, toutefois, doit retenir tout de suite notre attention;

1. V. pour détails techniques plus complets l'ouvrage de M. TRIBOT-LASPIÈRE : *L'industrie de l'acier en France*, Paris, Vuibert, 1916.

c'est l'utilisation des gaz récupérés pour le service même du haut fourneau. Dès 1837, on s'est préoccupé d'utiliser la chaleur des gaz du haut fourneau pour chauffer le vent injecté par les tuyères. En soufflant du vent chaud au lieu de vent froid, on obtient, en effet, une économie de combustible intéressante.

A cet effet, les gaz recueillis au sommet du gueulard sont dirigés vers la base de grandes tours en briques revêtues de tôle d'acier qui portent le nom de *cowpers*. Ces tours sont constituées par des empilages de briques disposées en chicane, de manière que les gaz, passant dans les intervalles ménagés entre elles, soient obligés de parcourir une série multipliée de détours et restent en contact prolongé avec elles. Les gaz montent ainsi lentement au sommet du *cowper*, abandonnant leur chaleur aux briques et les portant au blanc. Lorsque ce résultat est obtenu, on ferme l'admission des gaz, on donne accès à l'air extérieur qui, suivant le même parcours, se réchauffe au contact des briques. C'est l'air ainsi réchauffé que les machines soufflantes injectent ensuite dans le haut fourneau par les tuyères. En établissant l'alternance de ces opérations successives entre plusieurs *cowpers*, on obtient une provision constante d'air chaud pour alimenter les souffleries.

Le service du haut fourneau tire des gaz récupérés une autre utilisation. Ces gaz sont combustibles; on peut les conduire sous une chaudière de machine à vapeur, les enflammer et obtenir ainsi de la force motrice. On peut aussi les épurer et les envoyer dans des moteurs à combustion interne; on obtient ainsi plus de force motrice. Nous verrons plus loin (V. chapitre v, sur l'Intégration) dans quelle proportion. Quel que soit le procédé employé, l'énergie produite dépasse sensiblement les besoins du haut fourneau; mais on utilise toujours une partie de cette énergie pour actionner les machines soufflantes.

Grâce à la récupération des gaz, le haut fourneau réalise deux économies de combustible : économie de coke dans le lit de fusion, par le soufflage de vent chaud; économie de charbon par la transformation des gaz en force motrice. Par là, la dépendance du haut fourneau par rapport aux cokeries et aux houillères devient moindre. Désormais on produit de la fonte avec moins de coke et moins de houille. Et l'effet de cette moindre dépendance se traduit par un déplacement de l'industrie. Le haut fourneau tend à se rapprocher de plus en plus du minerai parce que le lit de fusion comporte un poids de minerai supérieur au poids du coke. Il y a donc avantage à placer le haut fourneau près du minerai plutôt qu'à le placer près de la houillère et de la cokerie. C'est une économie de transport. Avant la guerre, la consommation annuelle des hauts fourneaux ressortait en chiffres ronds à 12 millions de tonnes de minerai contre 6 millions de tonnes de coke[1]. Ainsi s'explique la répartition géographique des hauts fourneaux français à la même époque :

1. TRIBOT-LASPIÈRE, *loc. cit.*, p. 309.

98 dans l'Est dépourvu de houillères, avec les trois quarts de la production totale de la France; 9 dans le Sud-Est (Isère, Savoie, Haute-Savoie); 20 dans le Nord et 15 dans le Centre à proximité des houillères; puis 20 dans l'Ouest et le Sud-Ouest, généralement situés près de la mer (Le Boucau, Pauillac, Trignac, etc.). Depuis lors, d'autres hauts fourneaux ont été construits à Caen, dans le voisinage immédiat du minerai, avec la facilité de recevoir le coke par mer.

Voilà un premier résultat du progrès technique accompli par la récupération des gaz. En voici un second, plus prévu, en harmonie avec ce que nous avons souvent constaté. Ce progrès technique tend à augmenter l'importance du haut fourneau; il pousse à la concentration industrielle. En effet, ses machines soufflantes, ses monte-charge, ses appareils *cowpers*, ses installations d'épuration de gaz, de production d'énergie sont plus avantageux quand les quantités traitées sont importantes. Par suite, dans la mesure où les autres circonstances le permettent, la capacité des hauts fourneaux augmente en proportion de l'application des inventions nouvelles. On s'en rend compte en constatant leur capacité moyenne croissante dans tous les pays métallurgiques et la curieuse relation qui existe entre le rythme de cette croissance et leur degré de perfectionnement technique.

En Angleterre, pays d'ancienne production métallurgique, la production journalière moyenne des hauts fourneaux en activité était en 1873 de 27 tonnes. Quarante ans plus tard, à la veille de la guerre, elle ne dépassait pas 81 tonnes. Autant qu'on peut s'en rendre compte avec la production exceptionnellement irrégulière de l'année 1921 en Angleterre, elle n'aurait pas progressé depuis lors[1].

Dès 1912, au contraire, la capacité de production moyenne journalière du haut fourneau français était de 89 tonnes de fonte. Cette moyenne relativement élevée tenait à la construction depuis 1900 d'un grand nombre de hauts fourneaux modernes donnant 160 à 200 tonnes de fonte par jour.

A la même époque, la moyenne allemande atteignait 170 tonnes, par le fait des hauts fourneaux de la Lorraine annexée, tout nouvellement équipés, et de la construction récente de la plupart des hauts fourneaux allemands à feu. Les anciens hauts fourneaux, qui donnaient en 1875 une production journalière moyenne de 17 tonnes, avaient à peu près complètement disparu.

Les hauts fourneaux américains ne donnaient, eux aussi, pas plus de 17 tonnes de production journalière moyenne en 1873. A la veille de la guerre, le chiffre montait déjà à 254 tonnes; il était de 334 tonnes en 1921[2]. Mais on rencontre aux États-Unis des hauts fourneaux produisant 600 tonnes de fonte par jour,

---

1. Consulter le *Bulletin du Comité des Forges*, nº 3664, p. 3, qui l'évalue à 77,5 tonnes.
2. *Bulletin du Comité des Forges*, nº 3664, p. 30.

parfois même, dit-on, 800 à 900 tonnes. Ces chiffres exceptionnels s'expliquent par la dureté, exceptionnelle aussi, de certains cokes des États-Unis, notamment du coke de Connelsville, près de Pittsburgh. Des cokes ordinaires seraient écrasés par le poids de la charge énorme que suppose une pareille capacité et l'opération de la réduction du minerai se ferait mal.

Il nous faut signaler encore un troisième résultat des perfectionnements techniques introduits dans le haut fourneau; mais celui-ci est dû uniquement à la récupération des gaz. Le haut fourneau moderne devient de plus en plus un producteur de force motrice, alors que le haut fourneau de l'ancien type ne produisait que de la fonte. Il peut même arriver que, dans certaines conditions économiques, le profit tiré de la production de la force motrice soit supérieur au profit tiré de la production de la fonte. Dans ce cas, la fonte passe, commercialement du moins, au rang de sous-produit. Nous aurons à revenir sur ce phénomène quand nous étudierons les divers marchés de la métallurgie; il convient de retenir pour le moment que, là où il se produit, le haut fourneau ne trouve plus de frein à sa production dans la limitation des besoins de sa clientèle métallurgique. Si la vente d'énergie est assurée, il continuera à produire de la fonte, même avec un marché engorgé. Dès lors, sa capacité se règle sur l'énergie à produire, non sur la fonte, et c'est une nouvelle incitation à construire de grands hauts fourneaux, voire même, comme cela arrive souvent, des batteries de plusieurs grands hauts fourneaux.

Nous avons indiqué la transformation qu'avait subie la composition du lit de fusion depuis la récupération des gaz de haut fourneau. Mais cette composition est beaucoup trop variable pour qu'il soit possible de l'exprimer par une formule générale. Elle varie d'abord, en ce qui concerne le combustible, suivant la qualité du coke employé et suivant l'allure du haut fourneau, laquelle est elle-même fonction de la qualité de fonte produite. Elle varie ensuite, en ce qui concerne les matières premières, suivant la teneur du minerai en fer, en chaux et en silice. On ne peut donc donner que des exemples empruntés à de grandes régions de production. En voici deux qui constituent des types extrêmes, l'un supposant un poids total, par tonne de fonte produite, de 3 tonnes 850 kilogrammes, l'autre exigeant 4 tonnes 700 kilogrammes.

Le lit de fusion en usage à Pittsburgh, le plus grand centre de la métallurgie américaine, est ainsi composé :

Pour une tonne de fonte

- 1 tonne de coke.
- 2 — 250 kilog. de minerai du Lac supérieur.
- 600 kilog. de fondant.

Total : 3 tonnes 850 kilog.

Le lit de fusion pratiqué en Lorraine est ordinairement le suivant :

$$\left\{\begin{array}{l}
\text{1 tonne de coke.} \\
\text{3 — 500 kilog. de mi-} \\
\quad\text{nerai de Briey.} \\
\text{200 kilog. de fondant.} \\
\hline
\text{4 tonnes 700 kilog.}
\end{array}\right.$$

Total :

On comprend, en voyant la différence considérable
de minerai employé à Pittsburgh et en Lorraine (1 tonne
250 kilog. de moins à Pittsburgh) que les hauts fourneaux de Pensylvanie puissent s'établir loin du minerai,
à condition, d'ailleurs, d'organiser puissamment leurs
transports, tandis que les hauts fourneaux lorrains sont
plus puissamment attirés dans son voisinage, en raison de la consommation plus considérable qu'ils en
font pour une même quantité de fonte.

On ne peut guère indiquer, d'une façon même appro-
chée, le prix actuel de construction d'un haut fourneau. Le bouleversement des prix et celui des changes
donnent lieu à de tels écarts qu'aucune indication
de moyenne n'offre d'intérêt. Avant la guerre, on estimait qu'un haut fourneau, avec tous ses accessoires,
coûtait environ un million de francs par cent tonnes
de production journalière. Cela représentait, par
conséquent, une grosse mise de fonds.

Les charges de capital qui en résultent sont d'autant
plus lourdes que la capacité du haut fourneau va
s'accroissant. C'est un fait que la durée d'un haut fourneau diminue en raison inverse de sa capacité. Les

modestes hauts fourneaux de 50 tonnes de production journalière avaient une vie d'une quarantaine d'années; les hauts fourneaux de 200 tonnes, du type lorrain actuel, ne durent guère que quinze ans; les hauts fourneaux américains de 600 tonnes et au-dessus sont à bout de course après six ou dix ans. Il faut donc les amortir d'autant plus vite qu'ils sont plus grands. Ainsi la concentration industrielle, par elle-même, augmente l'importance du capital employé.

Le haut fourneau est exposé, en outre, à un certain nombre de risques importants; s'il vient à exploser, c'est la mort sans phrases, la destruction complète. Un arrêt prolongé était également autrefois un risque de destruction. Actuellement les ingénieurs sont arrivés à « mettre le haut fourneau en sommeil », dans le cas de grève, par exemple. Le haut fourneau est presque fermé; on atténue la combustion le plus possible. On ne met plus ni fondant, ni minerai, seulement du coke, en petite quantité. Cette mise en sommeil se traduit par une dépense journalière de plusieurs milliers de francs pour un haut fourneau moyen de Lorraine. Toute importante qu'elle soit, elle n'est pas à comparer avec le prix d'une réfection complète.

Tout ce que nous venons de dire s'applique à un haut fourneau isolé. Étant donné que dans un grand nombre d'établissements métallurgiques, les hauts fourneaux sont réunis en batteries, le degré de concentration industrielle augmente avec leur nombre Nous en relevons 9 à Homécourt, 8 à Jœuf, 5 à Châtillon-Commentry, 6 à Commentry-Fourchambault, 5 au Creusot, etc. Le Steel Trust des États-Unis en possède plus de 100 dans ses différentes usines. Ici encore l'importance des installations accessoires pousse à la constitution de batteries. L'utilisation des gaz de récupération lie souvent plusieurs autres usines dépendant d'une même entreprise à l'activité d'un haut fourneau. Par exemple, comme nous le verrons, des aciéries, des laminoirs joints au haut fourneau reçoivent de lui toute l'énergie qu'ils consomment. Que le haut fourneau cesse d'être à feu par suite de réparation ou pour toute autre cause, tout l'établissement doit s'arrêter. Au contraire, avec plusieurs hauts fourneaux conjugués et comportant, ce qui est facile, une utilisation commune des gaz produisant l'énergie, ce gros risque est évité. Une des unités peut cesser de fournir son contingent sans que la vie de l'ensemble soit compromise. Et c'est une nouvelle incitation à la concentration.

Nous ne pouvons pas terminer ce chapitre sur la fabrication de la fonte sans indiquer que le haut fourneau n'est plus aujourd'hui le seul organe qui la produise. Un ingénieur français, Héroult, a obtenu, il y a plus de vingt ans déjà, de la fonte au four électrique. Il plaçait dans le four une charge très analogue au lit de fusion du haut fourneau et la faisait traverser par un arc électrique éclatant entre un creuset

de charbon et un électrode de la même sub-
stance.

C'est en Savoie, à La Praz, qu'avaient lieu les essais
de l'ingénieur Héroult; ils n'étaient susceptibles
d'applications généralisées que dans les pays produisant l'énergie électrique à bon marché et, de fait,
c'est dans les régions de houille blanche, notamment
en Norvège, qu'ils ont donné naissance à la construction de fours pour la réduction du minerai. Aujour-
d'hui, sous l'influence probable de la cherté de la
houille, le four Héroult paraît employé d'une façon
moins exceptionnelle à la production de la fonte,
comme l'indiquent les quelques chiffres qui suivent;
en France, en 1921, la fonte au four électrique représentait 55 568 tonnes sur une production totale de
3 361 385 tonnes[1]. La proportion augmente en 1922,
d'après les résultats provisoires publiés.

Le four électrique permet aussi d'utiliser des minerais titanifères qui n'avaient pas pu jusqu'ici être
traités au haut fourneau. Il rend, par suite, de grands
services dans les pays qui, comme la Suède, le Canada
ou la Nouvelle-Zélande, possèdent des gisements de
ce genre.

D'une façon générale, le four électrique traite des
charges moins importantes que le haut fourneau
moderne. A supposer que son rôle s'étende, il ne ramè-
nerait pourtant pas la métallurgie vers un moindre

---

1. *Bulletin du Comité des Forges*, n° 3652, p. 1.

degré de concentration. Lui-même, en effet, se rattache forcément à une source très puissante d'énergie électrique et est le plus souvent intégré à l'usine qui la produit. La fonte, source actuelle de toute métallurgie, est donc toujours produite sous le régime de la grande entreprise.

CHAPITRE III

L'utilisation de la fonte.

Nous avons constaté dans le chapitre précédent l'augmentation sensible de la capacité des hauts fourneaux. Nous les avons vus s'affranchir des limitations que leur imposait la production forestière, puis échapper dans une certaine mesure à la domination de la houille elle-même en perfectionnant leurs procédés de fabrication. Finalement, leur nombre a augmenté en même temps que leur capacité et la quantité de fonte mise en œuvre aujourd'hui dans le monde est six fois plus grande que celle que l'on produisait il y a un demi-siècle [1].

Ce résultat ne s'explique pas complètement par les progrès techniques que nous avons relevés jusqu'ici. La fonte brute sortant du haut fourneau n'est pas généralement utilisée telle quelle. Il a donc fallu, pour que cette production toujours croissante trouvât preneur,

1. Production mondiale de fonte en 1871 : 12 852 000 tonnes.

        —   1913 : 78 507 000 —

que des progrès correspondants fussent réalisés dans les opérations subséquentes qui transforment la fonte de première fusion en un métal directement utilisable. Il n'aurait servi de rien que la métallurgie produisît d'énormes tonnages de fonte, si elle n'avait pas découvert le moyen rapide et peu coûteux de fabriquer, à partir de cette fonte brute, de la fonte de moulage, du fer et de l'acier. Telles sont, en effet, les trois grandes variétés de métal tirées de la fonte et correspondant à de multiples usages.

1. — LA FONDERIE.

La fonte étant beaucoup plus fusible que le fer, on peut aisément lui faire prendre toutes sortes de formes, simples ou complexes. Elle fournit aussi des plaques, des tuyaux, des grilles et balustrades, des poêles, des fourneaux, des chaudrons, des marmites, voire même des statues, et une foule d'autres objets de toutes dimensions. La fonte ainsi utilisée est dite fonte de moulage en raison du procédé de fabrication auquel elle est soumise.

Il est rare que la fonte brute soit moulée au sortir du haut fourneau. Le plus souvent, elle est d'abord traitée dans des cubilots où elle subit une deuxième fusion; puis le métal incandescent est coulé dans des moules en sable réfractaire où il se solidifie en se refroidissant. La préparation antérieure du moule consiste essentiellement à battre fortement le sable réfractaire autour d'un modèle en bois reproduisant exactement l'objet que l'on désire obtenir en fonte. Pour prendre un exemple simple, une plaque de fond de cheminée en fonte suppose la fabrication préalable d'une plaque de bois identique comportant les mêmes dessins, les mêmes reliefs et les mêmes dimensions.

Il existe encore aujourd'hui un très grand nombre de petites fonderies. Contrairement à ce que nous constaterons pour l'ensemble de la métallurgie, la concentration ne triomphe pas sans partage dans l'industrie de la fonderie. C'est qu'on aboutit tout de suite avec elle au produit fini, par conséquent à la variété, qui se prête mal à la production en masse. De plus, beaucoup de fonderies modestes sont alimentées par des commandes de pièces de rechange, de modèles abandonnés, d'objets d'une vente locale et limitée, ou d'objets d'une forme spéciale, en somme par tous les ordres qui ne sont pas susceptibles d'exécution en longues séries, par suite de la faiblesse de la clientèle qui les réclame, ou pour toute autre cause. Mais, dès que la production en masse est possible, de grandes fonderies s'établissent pour la réaliser, parce qu'elle est plus avantageuse. Tel est le cas pour les tuyaux de fonte qui, soit en France, soit à l'étranger, sont produits dans de très importantes fonderies, généralement intégrées à des hauts fourneaux. Tel est le cas, à un moindre degré, pour les fonderies fournissant en série les divers éléments de la construction des poêles de chauffage, fourneaux de cuisine et autres articles de consommation courante.

Par suite, deux types de fonderies existent, un type ancien, traditionnel, maintenu plus ou moins dans ses procédés d'autrefois; puis, un type moderne, progressiste, en très grand atelier. Le premier est conservé par la variété extrême des usages auxquels se plie la fonte; mais le second, spécialisé dans quelques fabrications à larges débouchés, inscrit dans ses statistiques les plus gros tonnages.

2. — La fabrication du fer.

Pendant plusieurs siècles, l'affinage de la fonte pour sa transformation en fer s'opérait au bas-foyer alimenté par le charbon de bois. Il comportait une suite prolongée de forgeages et de réchauffages, une grande dépense de temps et de main-d'œuvre.

En 1784, Cort inventa en Angleterre le four à puddler à la houille, qui constituait une économie notable à ce double point de vue. Dans ce four, la fonte portée par la chaleur à l'état pâteux, est décarburée au moyen de brassages énergiques. Par l'ouverture du four, le puddleur manie un ringard avec lequel il pétrit en quelque sorte (*puddles*) la charge de fonte. Ç'est encore un travail musculaire pénible, mais en deux heures environ on traite au four à puddler une charge variant de 200 à 400 kilogrammes, ce qui est relativement rapide.

L'opération n'est d'ailleurs pas terminée au sortir du four. La loupe de métal que l'on en retire doit être travaillée au marteau pour l'expulsion des scories qu'elle renferme. Actuellement, on a recours généralement à un marteau-pilon qui peut desservir environ six fours à puddler. Il en résulte que le four à puddler n'est jamais isolé, comme il pouvait l'être autrefois, quand la loupe était travaillée au marteau à main ou au martinet.

Six fours à puddler traitant chacun des charges de 260 à 275 kilogrammes donnent chacun à près peu 2 tonnes à 2 tonnes et demie de fer par jour. Chaque four est servi par une équipe de 3 hommes (1 puddleur, 1 aide et 1 tocqueur), soit 18 ouvriers pour les six fours. Avec les deux hommes employés au marteau-pilon (1 pilonnier et 1 cingleur) on a un total de 20 ouvriers pour une production journalière de 12 tonnes à 15 tonnes.

Ces chiffres sont modestes; ils ne frappent pas notre imagination. Ils ont paru considérables il y a un siècle, quand le puddlage succédait aux procédés primitifs du bas-foyer. Et l'obligation de grouper une demi-douzaine de fours autour d'un marteau-pilon amenait, semblait-il alors, un degré élevé de concentration industrielle.

Le fer puddlé n'est pas vendu, d'ailleurs, au sortir du marteau-pilon, à l'état de loupe informe. Pour l'amener à l'état dit de *fer brut*, on le soumet à l'action d'un laminoir dégrossisseur qui l'aplatit sommairement. Pour en faire du fer *marchand*, un réchauffage et un nouveau laminage sont nécessaires. Par suite, la plupart des établissements qui produisent le fer puddlé comportent 1 ou 2 trains de laminoirs. C'est une intégration à un degré élémentaire.

Mais ces établissements sont de plus en plus rares aujourd'hui. Depuis que de nouveaux progrès ont permis d'obtenir directement l'acier à partir de la fonte, et en grande masse, le fer recule de plus en plus devant la concurrence triomphante de l'acier. En réalité, le fer ne doit sa survivance qu'au seul fait qu'il est facilement soudable et que, par suite, il peut être employé pour certains usages restreints. Encore le nombre et l'importance de ces usages diminuent-ils à mesure que les aciéries donnent un acier doux et susceptible d'être soudé.

Le fer puddlé a perdu en France l'importance qu'il avait jadis, à ce point que nos statistiques officielles de l'industrie minérale ne font plus état que de l'acier et confondent sous cette appellation générale les faibles quantités de fer proprement dit.

Aussi les fours à puddler ne se rencontrent-ils plus guère dans les pays de grande production métallurgique, mais plutôt dans les régions de petite métallurgie, par exemple, en France, dans les Ardennes et la Haute-Marne. C'est là qu'on peut encore les observer. Leur importance économique est faible,

mais ils sont le témoin survivant d'un stade aujour-
d'hui dépassé de l'évolution métallurgique. Ils ont
marqué un acheminement de l'industrie vers la concentration actuelle réalisée par l'aciérie.

3. — LA FABRICATION DE L'ACIER.

La transformation directe de la fonte en acier constitue un troisième usage de la fonte. C'est aujourd'hui
de beaucoup le plus répandu. Il était inconnu
jusqu'au milieu du siècle dernier, l'acier n'étant obtenu
auparavant qu'à partir du fer et non à partir de la
fonte. Le premier procédé de transformation directe
fut celui de Bessemer; il remonte à 1855; le second,
celui de Martin, est de 1864. La révolution produite
par le premier fut subite; le second étend de plus en
plus son champ d'application et prévaut aujourd'hui
dans l'ensemble de la métallurgie.

Mais avant de décrire ces procédés, nous devons
donner quelques précisions sur la composition de
l'acier et sur ses caractères distinctifs par rapport à la
fonte et au fer.

Chimiquement, l'acier se caractérise par sa teneur
en carbone. Tandis que la fonte contient de 3 à 4 p. 100
de carbone, et le fer seulement 0,05 p. 100 au maximum,
l'acier se place entre la fonte et le fer avec une teneur
en carbone variant de 0,05 p. 100 au minimum à
1 p. 100 au maximum.

Pratiquement, il se reconnaît aux caractéristiques suivantes : 1º L'acier à 0,5 p. 100 de carbone offre une résistance double de celle du fer; 2º Il prend la trempe, c'est-à-dire qu'il devient extrêmement dur quand, ayant été porté au rouge, il est plongé brusquement dans l'eau; 3º Enfin, son point de fusion s'abaissant notablement par rapport à celui du fer, il est plus facile de le fondre et de le mouler, ce qui permet la naissance d'une branche nouvelle d'utilisation, celle de l'acier fondu. Ce sont ces avantages d'ordre pratique qui font rechercher l'acier.

Mais comme ces distinctions, tant chimiques que pratiques, ne sont pas toujours faciles à établir à première vue, l'usage s'est introduit en France de dénommer le fer et l'acier d'après leur mode de fabrication, le fer provenant du puddlage, l'acier provenant, soit d'une des méthodes modernes Bessemer ou Martin, soit de la méthode ancienne de la cémentation ou du creuset.

On fabriquait de l'acier, en effet, bien avant Bessemer et Martin; mais on le fabriquait par un procédé indirect, long et coûteux. Il fallait partir du fer puddlé, généralement du fer en barres, que l'on disposait par couches alternées avec des lits de charbon portés à une haute température. Au contact du charbon incandescent, le fer était aciéré superficiellement, c'est-à-dire qu'il s'incorporait certains éléments de carbone. C'était la cémentation. Mais cette cémentation était superficielle, elle ne pénétrait pas intimement le métal, dont les parties extérieures avaient seules subi l'influence du charbon à un degré intense. Le métal n'était pas homogène dans toutes ses parties. Il appartenait à un horloger de Sheffield, Huntsman, préoccupé d'obtenir des ressorts de montre de qualité supérieure, de remédier à cet inconvénient en faisant fondre dans un creuset les barres de fer cémentées. L'acier au creuset, découvert ainsi en 1740, devait ouvrir à l'industrie de vastes horizons, et après avoir fourni des ressorts d'horlogerie, des pièces de coutellerie, il en vint à donner des arbres de couche de grands navires, des canons. On employait parfois jusqu'à 1800 creusets pour la fabrication de certaines pièces.

Les méthodes nouvelles de production de l'acier suppriment donc, non seulement le puddlage et le forgeage, mais la cémentation et la fusion au creuset, faisant disparaître, ou ne maintenant qu'à titre de survivance exceptionnelle, une série d'opérations comportant beaucoup de main-d'œuvre et, par conséquent de temps, de manutentions et de frais. Transformation heureuse pour l'ouvrier affranchi d'une grande somme d'efforts musculaires; heureuse aussi pour l'industriel, qui voit diminuer son prix de revient, et pour la clientèle, qui se procure de l'acier à meilleur marché.

Un autre trait commun aux méthodes nouvelles est de comporter le traitement par grandes masses. Que l'on affine la fonte au convertisseur Bessemer, au four Martin, ou au four électrique, la charge est d'un poids beaucoup plus considérable que celle introduite dans le four à puddler ou que la quantité d'acier traitée dans le creuset. Par leurs conditions techniques, ces méthodes vont donc être des éléments de concentration industrielle.

Le principe du convertisseur Bessemer est l'utilisation de la chaleur produite par l'injection de l'air sous forte pression dans un bain de fonte liquide. Grâce à l'oxygène de l'air, le carbone et le silicium contenus dans la fonte brûlent en jouant le rôle de combustible et se trouvent éliminés. La difficulté est de ne pas trop pousser l'opération, de ne pas éliminer trop de carbone, de ne pas trop décarburer la fonte. C'est pourquoi, en fin d'opération, après examen, on recarbure légèrement par une addition appropriée de *Spiegeleisen*.

Le convertisseur est constitué par une énorme cornue de tôle d'acier, en forme de poire, établie de manière à pouvoir opérer une demi-révolution autour d'un axe horizontal. Le fond de la cornue est percé de trous. Son extrémité supérieure demeure ouverte. C'est par là qu'est introduite la charge de fonte en fusion, la cornue étant inclinée pour la recevoir. Immédiatement après l'introduction de la fonte, la cornue est relevée vivement et placée dans la position verticale, en même temps que l'air injecté par le fond sous une forte pression maintient la charge en suspens. Quand la transformation est achevée, la cornue est de nouveau inclinée pour déverser son contenu dans la lingotière.

On traite 20 tonnes de fonte à la fois dans un convertisseur Bessemer et l'opération dure de vingt-cinq minutes à une demi-heure. Cela correspond à une production de 900 à 1 000 tonnes par vingt-quatre heures. Nous voilà bien loin des tonnages modestes que permettaient les anciens procédés! On comprend quelle révolution profonde l'emploi du convertisseur Bessemer devait amener dans la métallurgie et quel essor il lui permettait.

Toutefois, les fontes provenant des minerais phosphoreux, tels que les « minettes de Lorraine », se prêtaient mal à la transformation directe en acier par le procédé Bessemer, tel qu'il fut d'abord pratiqué. Alors que par le puddlage, on pouvait arriver, à l'aide d'opérations longues, pénibles et coûteuses, à éliminer une fraction importante du phosphore contenu dans les fontes, ce phosphore restait incorporé dans l'acier lorsqu'on recourait à la transformation directe de la fonte en acier. Il fallut une découverte nouvelle pour rendre le procédé Bessemer partiquement applicable aux fontes phosphoreuses. Le principe en avait été indiqué d'abord par M. Gruner, professeur à l'École française des Mines; la mise au point fut accomplie par Thomas et Gilchrist en 1878. Elle consiste dans une simple modification du garnissage de la cornue. Bessemer garnissait sa cornue avec un mélange acide; Thomas établit la formule d'un mélange basique obtenu en malaxant du goudron bouilli et de la dolomie calcinée. Le phosphore ayant une grande affinité pour la chaux, abandonne la fonte pour s'incorporer aux éléments calcaires du garnissage, et l'acier obtenu, en fin d'opération, est débarrassé du phosphore qui le rendait cassant. Signalons aussi que les résidus de la transformation, les scories de déphosphoration provenant du garnissage de la cornue, contiennent de la chaux et de l'acide phosphorique qui les fait rechercher par l'agriculture. Ces scories constituent, par suite, un sous-produit d'une valeur appréciable qui contribue à diminuer le prix de revient de l'acier.

Parallèlement au procédé Bessemer s'est développée, à partir de 1864, la fabrication de l'acier par le procédé Martin. Là encore, nous sommes en présence d'une transformation directe de la fonte en acier; mais elle a lieu dans un four à réverbère du type Siemens. Deux méthodes peuvent être employées, la méthode d'oxydation et la méthode de dilution. L'une et l'autre ont été découvertes par l'ingénieur français Martin et donnent un acier de qualité supérieure.

La méthode d'oxydation se rattache assez directement au principe qui a guidé Bessemer. Elle consiste à faire disparaître les éléments que l'on désire éliminer de la fonte en mettant à profit le fait qu'ils sont plus oxydables que le fer. Dans le convertisseur Bessemer, l'oxydation éliminatoire s'obtient, nous l'avons vu, par l'action d'un puissant courant d'air. Dans le four Siemens-Martin, elle s'obtient par le contact de la fonte avec un minerai oxydé à une température élevée. Dans le premier cas, l'oxygène est fourni par l'air;

dans le second, par le minerai. C'est l'*ore process*.

La méthode de dilution s'inspire d'une idée toute différente. Elle tend à répartir entre une plus grande masse d'éléments les impuretés qui se trouvent dans la fonte, de manière qu'elles ne demeurent dans l'acier qu'à un moindre degré. Si donc on place dans un four à réverbère une tonne de fonte en même temps que trois tonnes de riblons (déchets de fer ou d'acier), le métal obtenu sous l'action de la chaleur sera un acier dans lequel les impuretés se seront diluées. C'est le *scrap process*.

Ce qui a fait le succès croissant du procédé Martin, c'est la possibilité qu'il donne d'utiliser des matières premières de qualité moins précise que dans le procédé Bessemer et d'obtenir cependant des résultats de premier choix. Aussi son emploi a-t-il progressé d'une manière générale, comme l'indique le tableau suivant[1]:

POURCENTAGE DES DIVERSES FABRICATIONS DE L'ACIER.

	Bessemer.		Thomas.		Martin.	
	1880	1913	1880	1913	1880	1913
France. . .	27,5	1,8	42,3	55,4	30,2	32,8
États-Unis.	91,4	34,5			8,6	65,5
Allemagne .	92,7	0,9	2,4	64,3	4,9	34,8
Angleterre .	80,1	19,1	0,8	10	19,1	70,9

1. V. le *Bulletin de la Société d'Encouragement à l'Industrie nationale*, octobre 1916, p. 255.

Depuis la guerre, la proportion d'acier Martin paraît s'être encore accrue, ainsi qu'on peut s'en rendre compte par les chiffres suivants :

POURCENTAGE DE L'ANNÉE 1922.

	Bessemer.	Thomas.	Martin.	Creuset.	Four électrique.
France. . . .	1,4	55,8	41,5	0,3	1
États-Unis . .	16,7		82,3	0,08	0,92
Grande-Bre-tagne[1] . . .	5	4	90		1

Signalons enfin un autre procédé de fabrication de l'acier qui, bien que n'ayant pas encore été l'objet d'un emploi très large, est suceptible d'un avenir important, en raison des qualités spéciales de métal qu'il peut fournir. Le four électrique Héroult se prête à l'affinage de la fonte et à sa transformation en acier comme il se prête à la réduction même du minerai. Bien entendu, son usage n'est possible, en pratique, que dans les régions disposant d'énergie électrique à bon marché, généralement dans les pays de houille blanche. C'est d'ailleurs à La Praz que l'ingénieur français Héroult a réalisé les premiers essais. Dans les premières années, on ne se servait du four électrique que pour la production d'aciers de qualité exceptionnelle, particulièrement de ferro-alliages; on l'utilise aujourd'hui assez couramment pour obtenir un tonnage

1. V. *Bulletin du Comité des Forges*, n°ˢ 3715, 3726, 3746 et 3753.

élevé de métal de qualité moins exceptionnelle, par exemple en raffinant rapidement des aciers Thomas ou Martin [1]. Quelques chiffres montrent le développement du procédé électrique avant la guerre.

TONNAGE PRODUIT AU FOUR ÉLECTRIQUE.

	1908	1913
France	2 289 tonnes.	23 272 tonnes.
États-Unis.	6 212 —	30 180 —
Allemagne.	19 536 —	88 881 —
Autriche-Hongrie. .	4 333 —	26 837 —

Depuis la guerre, nous relevons les indications suivantes :

	1922
France.	41 434 tonnes [1].
États-Unis	346 039 — [2].

Si on voulait caractériser le rôle respectif de chacun des trois procédés directs de fabrication de l'acier, on pourrait les classer ainsi : le convertisseur Bessemer (acide) ou Thomas (basique) traite les plus fortes charges avec le plus de rapidité; mais il donne un acier moins fin. Le four Martin travaille moins vite que le convertisseur; mais il donne un acier de meilleure qualité. Quant au four électrique, il travaille vite, par quantités fortes ou faibles à volonté; il est coûteux; mais il donne un acier de qualité supérieure ou égale

1. *Bulletin du Comité des Forges*, n° 3718.
2. *Id.*, n° 3746.

à l'acier au creuset. L'homogénéité du métal qu'il fournit est parfaite et la composition chimique de ce métal est exactement conforme à la demande, parce qu'on peut, pendant tout le cours de l'opération, faire des additions de toute nature. Au point de vue de la précision scientifique, le four électrique paraît donc sans rival. C'est pourquoi on lui demande les aciers spéciaux produits par l'incorporation à un acier fin de chrome, de nickel, de vanadium, de titane, de silicium, de manganèse, etc.

4. — Forges et laminoirs.

Pendant longtemps, il fallait, pour transformer la loupe de fer ou le lingot d'acier en objets d'usage d'une forme déterminée, une série de forgeages et de réchauffages qui supposaient une grosse dépense d'énergie musculaire. C'étaient des opérations longues, parce qu'elles ne pouvaient s'exécuter à la fois que sur de petites quantités; c'étaient des opérations coûteuses, en raison de la grande proportion de main-d'œuvre qu'elles incorporaient au produit fabriqué, et, par là même, les usages auxquels elles correspondaient se trouvaient limités. Enfin, elles étaient pénibles pour l'ouvrier, auquel elles imposaient un effort physique très dur.

Comme nous l'avons déjà fait remarquer à d'autres stades du travail métallurgique, la production en grande masse du fer ou de l'acier n'aurait jamais été possible au degré qu'elle a atteint, si des procédés de transformation plus prompts, moins coûteux et moins pénibles n'avaient été découverts et employés.

Les principaux de ces procédés ont été d'abord la substitution, au marteau de forgeron actionné à la main, du martinet actionné à eau, puis à vapeur; puis du marteau frontal, du marteau-pilon et de la forge hydraulique. C'est grâce à leur emploi, non seulement qu'on a travaillé plus vite et à moins de frais, mais aussi qu'on a pu forger les grosses pièces, telles que les arbres de couche des grands navires, qu'il n'aurait pas été possible de produire dans une installation primitive.

Enfin les laminoirs se sont, dans beaucoup de cas, substitués aux forges pour donner à des lingots d'acier ou de fer des formes déterminées. Leur emploi correspond à une sensible diminution de temps et d'effort, comme on peut s'en rendre compte par une description sommaire.

Les éléments essentiels d'un train de laminoirs sont constitués par l'ensemble de deux cylindres d'acier tournant autour d'un axe horizontal, parallèlement l'un à l'autre. La distance qui les sépare est calculée d'après l'épaisseur à laquelle le lingot doit être réduit. Au sortir de la lingotière, l'acier en lingot est présenté au train de laminoirs dégrossisseur et aplati à la dimension de *blooms*. Si on veut obtenir des tôles, par exemple, ces blooms sont transformés en *largets*, puis en *bidons* établis à une longueur égale à la largeur de la tôle à obtenir. Au cours des différents laminages, cette largeur ne varie pas, l'allongement et l'aplatissement progressifs s'opérant sur l'autre dimension.

En pratiquant dans les cylindres des laminoirs des cannelures appropriées, on obtient des pièces ayant une section déterminée, rails de chemins de fer, fers à plancher, cornières, fers à T ou à U, profilés de tous les types. C'est le progrès croissant de la production mécanique, en grande série, sur la production à la main, par unités isolées. Les laminoirs peuvent ainsi fournir de très grandes quantités de produits demi-ouvrés, qui vont entrer comme éléments dans les constructions mécaniques de toutes sortes, et cela sans leur incorporer le prix d'une main-d'œuvre importante. Au point de vue économique, c'est un résultat à noter; car il a une influence considérable sur l'extension des usages du fer et de l'acier, par conséquent sur les progrès de la métallurgie. Il n'aurait pas suffi d'obtenir du fer par le procédé du puddlage, plus tard de l'acier par la transformation directe de la fonte, si tout ce fer et tout cet acier avaient dû recevoir, à grande dépense de force musculaire, les coups répétés d'un marteau de forgeron pour prendre la forme convenable à leur usage. Le laminoir a ainsi achevé ce qu'avait commencé le haut fourneau, ce que l'aciérie avait poursuivi, la fabrication d'une pièce d'acier de dimensions données avec un minimum d'intervention de l'ouvrier.

Les profondes transformations qui se sont ainsi produites, depuis un siècle et demi environ, dans la technique de la métallurgie, n'ont pas exercé leurs répercussions uniquement sur l'essor de cette industrie. Elles ont agi puissamment sur la situation sociale de l'ouvrier et sur celle du patron.

L'ouvrier métallurgiste d'aujourd'hui travaille dans un atelier très agrandi et dont la propriété lui échappe à cause même de sa dimension et de son importance. Sauf exceptions rares, l'ouvrier rangé et laborieux a peu de chance de devenir maître de forges. Il ne possède ni les capitaux, ni les connaissances techniques, ni d'ordinaire les facultés de direction nécessaires. Il est donc un salarié. A ce point de vue, ses perspectives d'avenir paraissent plus bornées qu'à l'époque où il pouvait assez normalement aspirer à posséder et à diriger un modeste atelier.

Mais, d'autre part, de grands avantages lui sont assurés. En premier lieu, son travail est beaucoup moins pénible. L'effort à fournir est moindre et il est intermittent. Sur les douze heures de présence encore en usage aux États-Unis avant la guerre, un homme ne travaille guère plus de six ou sept heures effectivement [1]. Beaucoup de temps se passe à attendre le moment de la coulée du haut fourneau, à régler

---

1. V. *Iron Age* du 9 décembre 1920, article de M. DRURY, de l'Université d'Ohio.

les cylindres des laminoirs; un intervalle sensible sépare les opérations successives d'un même convertisseur Bessemer; le four Martin exige beaucoup de surveillance n'entraînant pas de dépense de force. Enfin, tout est combiné pour épargner le plus possible l'effort physique. Les ponts roulants, les monte-charges, les grues électriques soulèvent, déplacent de mille manières les lourdes pièces à travailler. L'ouvrier métallurgiste d'aujourd'hui manœuvre des leviers ou surveille le travail effectué par la chaleur ou par les machines. C'est exceptionnellement qu'il forge lui-même à tour de bras.

Dans la mesure où il travaille moins à la main, il échappe à la spécialisation et au long apprentissage d'autrefois. Cependant le métallurgiste reste un homme de métier assez peu interchangeable. Il se transforme relativement peu. C'est que si les machines font une grande partie de son ouvrage, il a souvent à diriger, à appliquer leur effort, au lieu de se borner à les surveiller.

Toutes proportions gardées et compte tenu de la valeur du salaire nominal, il est beaucoup mieux rémunéré qu'il ne l'était quand on lui demandait un travail plus pénible. Il travaille aussi moins long-temps. Ces avantages ont pu lui être accordés — ou, si on préfère, il a pu les exiger — parce que les méthodes nouvelles sont plus productives. Il n'est pas possible de payer cher un effort qui rend peu. Mais avec un rendement amélioré, on peut, en même temps, améliorer les salaires et restreindre la durée du travail. C'est une question de mesure à garder.

L'ouvrier de la métallurgie moderne est aussi moins exposé au chômage que celui de l'ancien type. Il se trouve, en effet, protégé contre les calculs égoïstes d'un patron sans scrupules par l'importance même de l'outillage de l'établissement. On peut supposer qu'un employeur n'accepte de s'imposer aucun sacrifice, même pendant une période courte, pour conserver ses ouvriers alors que les commandes lui font défaut. Mais on n'imagine pas un employeur assez ennemi de son intérêt propre pour accepter sans raison très grave, sans véritable contrainte, l'immobilisation d'un outillage représentant un capital considérable. Dans l'état actuel des choses, c'est sous le coup d'une impérieuse nécessité qu'une usine métallurgique s'arrête. Au temps où l'outillage était peu de chose, la tentation de supprimer les frais de main-d'œuvre ne se heurtait pas à un obstacle sérieux du côté de l'intérêt patronal. Et l'ouvrier pouvait en pâtir. Il en pâtissait plus encore quand, étant petit patron, et ne recevant plus d'ordres, il supportait à la fois la perte du fruit de son travail, du bénéfice de son exploitation et l'immobilisation de son outillage.

Enfin, si l'accession au patronat lui est désormais rendue difficile, d'autres moyens d'élévation fort appréciables lui sont offerts. Dans un grand établissement métallurgique, des hiérarchies s'établissent nombreuses et variées. Il y a des chefs d'équipe, des façonniers travaillant avec une certaine indépendance, des contre-maîtres, sans parler des simples spécialistes toujours recherchés.

Ces fonctions correspondent à des situations avantageuses, souvent plus fructueuses que la direction d'un petit atelier indépendant. Et, au point de vue de l'élévation sociale de l'ouvrier, certaines de ces situations comportent des responsabilités qui haussent réellement leurs détenteurs à un certain degré de direction. C'est souvent parmi les fils de ces chefs d'équipe et contremaîtres, déjà animés d'un légitime désir d'ascension, que les grandes entreprises de la métallurgie recrutent une partie de leur haut personnel, après avoir favorisé de toutes manières leur instruction technique et professionnelle.

Sous le régime nouveau, les patrons doivent subir des transformations aussi profondes que leurs ouvriers. Il a, en effet, vis-à-vis d'eux, de terribles exigences.

En premier lieu, le patron actuel a besoin d'un capital d'établissement beaucoup plus considérable. Avant la guerre, un train de laminoirs du type *blooming*, produisant de 700 à 800 tonnes par vingt-quatre heures, coûtait environ 3 millions de francs à établir. Un train de *gros profils* de même capacité coûtait environ 4 millions. Pour un train de *petits profils* élaborant 100 tonnes par jour, il suffisait de 300 000 francs seulement. Un train de tôles variait de prix suivant l'épaisseur du produit. Il atteignait parfois 4 millions de francs. Tous ces prix demanderaient aujourd'hui à être au moins triplés. Si on réfléchit que les laminoirs sont très souvent intégrés à des aciéries et à des hauts fourneaux, on se rend compte que de grandes sociétés sont seules capables de posséder des établissements de grosse métallurgie.

Les laminoirs entrent pour une large part dans le prix total d'une installation complète. En France, en se référant aux prix d'avant-guerre, on calculait souvent que la production annuelle d'une tonne d'acier supposait une dépense de 30 francs pour le haut fourneau, de 10 francs pour l'aciérie, et de 80 francs pour le train de laminoirs, soit ensemble 120 francs, ce qui donnait pour une production annuelle de 100 000 tonnes, une dépense d'établissement de 12 millions de francs. Il semble que la part considérable des laminoirs dans ce prix global s'explique par le fait qu'ils épargnent surtout de la main-d'œuvre, c'est-à-dire l'agent de transformation dont le prix s'accroît le plus, celui, par conséquent, qu'il y a le plus d'intérêt à diminuer et pour l'élimination duquel on peut supporter les plus gros frais.

Le financement d'une affaire métallurgique ne constitue, d'ailleurs, que la première démarche du patron moderne. Pour exploiter les usines qu'il a construites et outillées, il faut des connaissances techniques et étendues. De nombreux ingénieurs surveilleront de près la fabrication, s'assureront du bon état d'entretien de tous les mécanismes, en dirigeront éventuellement les réparations. Souvent des laboratoires permettront de soumettre les produits à des épreuves diverses.

Enfin la direction commerciale de l'affaire, notamment l'achat des matières premières et la vente des produits, absorberont une grande partie de son activité et l'obligeront souvent à constituer de véritables services commerciaux, comme il a constitué des services techniques.

Et pour conserver la haute main sur cet ensemble, pour intervenir utilement, à propos, dans la mesure et au moment voulus, pour rester vraiment le patron et savoir, en même temps, faire donner un bon rendement à ses collaborateurs en dirigeant leurs efforts vers un même but, sans les entraver, il lui faudra de rares qualités, qui ne seront plus à proprement ni techniques, ni commerciales, et qui forment l'apanage du vrai chef.

Nous voilà bien loin de l'ouvrier rangé, économe et laborieux qui pouvait devenir patron au temps jadis, quand les hauts fourneaux donnaient une tonne de fonte par jour. Il s'est trouvé et il se trouvera encore des hommes assez doués et assez énergiques pour gravir en quelques années les nombreux échelons qui s'étagent aujourd'hui de la situation ouvrière à la situation patronale. C'est la marque de leur valeur exceptionnelle. D'une façon générale, la formation de ces grands chefs demeure un difficile problème qui échappe à toute règle absolue, parce que la méthode la plus parfaite échoue là où ne se rencontrent pas des dons personnels rares.

CHAPITRE IV

La construction mécanique.

1. — Causes de son développement.

Jusqu'ici nous n'avons vu que peu de produits finis dans les divers ateliers métallurgiques que nous avons parcourus. La fonderie livre bien des tuyaux et des plaques prêts à mettre en place, mais aussi beaucoup de parties de machines ou de pièces d'ustensiles divers qui ne seront utilisables qu'après un assemblage et un montage. Le laminoir livre bien des rails de chemins de fer et des poutrelles, mais aussi beaucoup d'éléments de construction mécanique, de parties de ponts, de pièces de navires, ou de charpentes métalliques, ou de machines diverses. Quant au haut fourneau et à l'aciérie, ils ne livrent que de la fonte brute ou de l'acier en lingots, qui ont toujours besoin d'une élaboration supplémentaire pour être mis en usage.

Il en résulte que ces diverses fabrications, en quelque

sorte préalables, n'ont pas leur raison d'être en elles-mêmes, mais dans les utilisations dont leurs produits sont l'objet.

Ces produits sont désignés dans le langage courant sous le nom de produits bruts ou de produits demi-ouvrés. Sans s'attacher avec rigueur à cette distinction, on peut dire que les produits bruts, comme la fonte ou l'acier, sont ceux que l'on ne saurait utiliser sans une élaboration nouvelle. Les produits demi-ouvrés, tôles, cornières, profilés, etc. se caractérisent par ce fait que leur utilisation suppose seulement un finissage, un ajustage ou une adaptation.

Ces produits demi-ouvrés sont employés dans la construction mécanique proprement dite, dans la construction de matériel de chemins de fer, d'automobiles, dans la fabrication du matériel de guerre, dans la construction navale, etc. Et c'est le développement de ces industries secondaires qui a permis la production métallurgique en grande masse. Ce que nous avons fait remarquer à propos des laminoirs et, antérieurement, à propos des aciéries, se retrouve encore ici à ce nouveau stade. Les progrès techniques qui nécessitent le grand atelier n'auraient pas pu se réaliser si des conditions économiques favorables n'avaient pas fourni à une production très accrue les débouchés permettant de l'écouler. Ainsi s'explique que, dans des pays arriérés au point de vue économique, l'absence de puissants moyens de transports, la faiblesse du pouvoir d'achat de la clientèle, ou toute autre cause de ce genre, deviennent une entrave à l'application de procédés techniques parfaitement connus.

Par suite, nous ne comprendrions pas à fond le spectacle que nous présente l'industrie métallurgique, si nous ne savions pas pourquoi et comment une clientèle lui a été fournie à point nommé pour permettre son essor.

Cette clientèle est de deux sortes. La première s'est révélée tout d'un coup par la création d'établissements nouveaux. La seconde a été conquise par la métallurgie, au fur et à mesure que ses progrès lui permettaient de fabriquer mieux et à meilleur marché.

Les établissements nouveaux, clients de la métallurgie, ont été, depuis le milieu du siècle dernier, en premier lieu les chemins de fer; puis les industries électriques, l'automobilisme et l'aviation; enfin l'outillage mécanique des industries de fabrication. Quant à la clientèle conquise par les progrès de la métallurgie, on la trouve dans la construction navale, qui a substitué le fer et l'acier au bois, lorsque de grandes quantités de grosses pièces métalliques et de tôles résistantes ont pu être cédées pour des prix raisonnables aux chantiers navals; on la trouve dans la construction des ponts métalliques, substitués aux ponts de pierre, de briques ou de bois; dans le bâtiment, qui emploie des poutrelles d'acier au lieu de solives à plancher et qui édifie des charpentes métalliques légères et hardies capables d'abriter de vastes espaces. Cet élargissement de la clientèle métallurgique n'a pas, d'ailleurs, atteint son terme. Tout progrès technique se traduisant par une diminution du prix de revient ou par un nouvel usage tend à l'accentuer encore.

Examinons un instant ces différents éléments nouveaux de clientèle.

Les chemins de fer doivent être cités en tête. L'établissement des voies a nécessité d'énormes fournitures de rails avec leurs accessoires (éclisses, tire-fonds, etc.); la construction de très nombreux ponts métalliques, de viaducs, l'emploi d'appareillages de signalisation nombreux et complexes. D'autre part, le matériel roulant comprend des locomotives entièrement métalliques, des wagons de marchandises et des voitures à voyageurs dont les cadres, les roues et les essieux sont empruntés également à la métallurgie. La longueur des voies ferrées du monde entier dépassant actuellement 900 000 kilomètres [1], on imagine ce que peut représenter la clientèle des chemins de fer. Disons pour préciser que les rails des grandes lignes pèsent 25 kilogrammes par mètre courant, de sorte que l'établissement ou le renouvellement d'une

1. Longueur des voies ferrées du monde :

Europe.	350 000 ^{km}
Amérique.	503 000 ^{km}
Asie.	23 361 ^{km}
Afrique.	12 757 ^{km}
	889 118 ^{km}

Il manque l'Australie et la Nouvelle-Zélande.

voie à deux rails sur 100 kilomètres absorbe 5 000 tonnes de rails.

En France, le nombre des locomotives en service en 1913, avant le bouleversement de la guerre, était, sur les grands réseaux seulement, de près de 14 000 (13 894) et elles développaient une puissance de 10 679 350 chevaux-vapeur [1]. Sur les grands réseaux français, également, on comptait à la même époque 31 086 voitures à voyageurs et 384 876 wagons de marchandises [2].

Avant la guerre, on produisait annuellement dans le monde entier environ trois millions et demi de tonnes de rails, tant pour l'entretien des lignes existantes que pour la création de lignes nouvelles [3].

En France seulement, la moyenne de production annuelle atteignait en chiffres ronds 700 locomotives, 2 000 voitures et 18 000 wagons, bien que, par suite de la fâcheuse irrégularité des commandes, la France importât à cette époque plus de 20 000 tonnes de matériel de chemins de fer par an [4].

L'application de la vapeur à la fabrication a été aussi pour la métallurgie la source de commandes importantes. Les chaudières et machines productrices d'énergie sont elles-mêmes construites en fonte,

1. Circulaire 751 et 754 de la *Chambre syndicale des constructions de matériel de chemins de fer*.
2. *Annuaire de la Statistique de la France*, p. 190 et Rx 198.
3. *Rapport général du Ministère du Commerce et de l'Industrie*, 1919, t., I, p. 115.
4. *Id., ibid.*, p. 454.

en tôle, en acier. Et les innombrables machines-outils auxquelles elles fournissent cette énergie empruntent également à la métallurgie la plupart ou la totalité de leurs éléments.

Parcourons rapidement les installations des grandes industries; partout nous voyons le fer régner en maître. Veut-on extraire du charbon ou du minerai des entrailles de la terre, tous les outils ou engins ou appareils employés sont métalliques : pics, pelles, forets, hâveuses, wagonnets, appareils élévatoires, pompes, ventilateurs, etc. Dans la métallurgie, les hauts fourneaux et cowpers sont bardés de fer; les monte-charges, souffleries, appareils de récupé-récupération qui en constituent l'accessoire sont en fer. En fer aussi les cornues Bessemer, les trains de laminoirs, les marteaux-pilons, les machines à forer, à fraiser, etc. Dans l'industrie textile, les métiers à filer et à tisser, les peignages et cardages mécaniques, les machines à tricoter et à faire de la dentelle; dans l'agriculture moderne, les charrues, herses, rouleaux, cultivateurs, les faucheuses, râteleuses, moissonneuses, batteuses relèvent de la construction mécanique et mettent en œuvre des produits métallurgiques. Tout progrès industriel ou agricole, comme tout progrès dans les transports, aboutit ainsi à un développement de la métallurgie par l'intermédiaire de la construction mécanique.

En France, on estimait avant la guerre que l'outillage industriel produit dans le pays en une année représentait environ 372 millions de francs, ainsi répartis :

```
Appareils de force motrice. . . . . . .   100 millions
Machines-outils . . . . . . . . . . . .    65    —
Machines agricoles . . . . . . . . . .    120    —
Matériel des industries élémentaires. . .  44    —
Matériel des industries textiles. . . . .  20    —
Machines diverses . . . . . . . . . . .    23    —
                                         ─────────────
                                          372 millions[1]
```

Et nous savons que beaucoup de machines étrangères étaient achetées par les industriels et les agriculteurs français.

Voilà, sommairement indiquée, la clientèle créée et fournie de toutes pièces à la métallurgie par les inventions modernes. Mais il en est une autre que la métallurgie a attirée à elle par ses progrès mêmes, qu'elle a conquise à mesure qu'elle travaillait mieux et produisait moins cher.

C'est ainsi qu'elle a décidé les architectes à employer dans leurs constructions les fers à plancher au lieu de solives, voire même à établir des carcasses métalliques pour les murs verticaux, en remplissant leurs intervalles de briques ou de pierres. Les charpentes métalliques ont complété cette invasion du fer dans le bâtiment, invasion non plus subite et triomphante comme dans l'outillage industriel, mais progressive, partielle, réduite à un certain nombre de cas. Désor-

---

1. *Rapport général du Ministère du Commerce et de l'Industrie*, t. I, p. 454.

mais, toutefois, l'art de bâtir dispose de données nouvelles qui permettent des solutions sans précédent et ouvrent la voie à des formules d'art inconnues. Les essais gauches ou démesurés de techniciens sans éducation artistique ne doivent pas être considérés comme une condamnation sans appel des procédés employés par eux. Ils n'ont résolu que le problème mécanique, il est vrai; mais rien ne s'oppose à l'utilisation de leur technique pour l'exécution de plans plus harmonieux, conçus par des artistes.

La substitution du fer au bois, à la pierre ou à la brique pour la construction des ponts est due également aux progrès de la métallurgie et de la construction mécanique. Mais ces progrès se sont affirmés au point de permettre l'exécution d'ouvrages métalliques qui auraient été soit impossibles, soit trop coûteux, si on avait dû les construire en maçonnerie. De même, la construction navale en tôle d'acier, avec membrures métalliques, a ouvert la voie aux navires de plus en plus grands. On a déjà atteint 300 mètres de longueur avec le *Léviathan*; peut-être ne s'arrêtera-t-on pas là; mais on peut dire que, dès à présent, les limites auxquelles devait se restreindre la construction en bois sont dépassées.

Dans son ensemble, la construction mécanique s'est donc développée, tant grâce à la création soudaine d'une clientèle due à de nouvelles inventions que grâce à l'acquisition progressive d'une autre clientèle, attirée par l'amélioration même des méthodes employées. Cette constatation montre qu'en dehors des applications nouvelles qui peuvent encore fournir de nouveaux débouchés à ce genre d'industrie, elle peut trouver dans son propre effort les moyens d'accroître très largement le nombre et l'importance de ses clients.

Étudions maintenant, comme nous l'avons fait pour la métallurgie proprement dite, comment les conditions techniques de la construction mécanique influent sur son organisation. Le grand atelier va-t-il s'imposer ici au même degré et avec la même uniformité que dans les hauts fourneaux, les aciéries ou les laminoirs, ou bien, au contraire, allons-nous voir le petit atelier survivre dans une certaine mesure et la concentration industrielle s'affirmer moins impérieusement?

2. — La concentration industrielle
dans la construction mécanique.

En fait, on rencontre des ateliers de construction mécanique d'importance très variable. Il y en a de très grands, il y en a de moyens; on en trouve aussi de modestes, employant un nombre restreint d'ouvriers, sous la direction d'un patron qui a été ouvrier lui-même et qui participe de ses propres mains à l'exécution des travaux qu'il entreprend.

C'est que, dans bien des cas, la construction mécanique va être surtout de l'ajustage, de la mise en place, l'utilisation avec discernement d'éléments déjà fabriqués en grande partie. Si l'objet à produire n'est pas de dimensions importantes; si, d'autre part, il ne doit pas être livré en grand nombre, de telle manière qu'il ne soit pas question de le fabriquer en série, une petite installation peut suffire. Elle aura même l'avantage de s'adapter plus aisément à l'exécution des commandes variées, aux réparations sur place. Aujourd'hui, en France, il faut dans le plus reculé des chefs-lieux de canton, et dans beaucoup de petits bourgs, un constructeur mécanique qui puisse réparer une pompe, une bicyclette, remplacer une pièce à une machine agricole, voire même en construire une à neuf, porter secours à une automobile en détresse. Seul, ou avec l'aide d'un ou deux ouvriers et d'un apprenti, le patron accomplit ces besognes variées; il connaît rarement le chômage et de nouveaux ateliers de ce genre se créent constamment.

Un autre type d'atelier un peu plus important et plus spécialisé se trouve dans tous les centres un peu nombreux, c'est le garage d'automobiles; l'atelier d'électricité; le constructeur de serres, de clôtures métalliques, qui pose et met en place; l'atelier de chaudronnerie qui répare et entretient les chaudières, remplace une pièce à un moteur, etc.; c'est une variété très répandue également et elle se classe encore dans le petit atelier.

Dans tous ces cas, la grande entreprise se heurte à deux obstacles qui la font reculer. La fabrication est extrêmement variée, beaucoup plus, naturellement, que lorsqu'il s'agit de produits bruts ou demi-ouvrés. Par suite, la production en série qui est le procédé nécessaire à la concentration industrielle, ne s'applique pas. En second lieu, la pose, la mise en place, la réparation donnent naissance à une série de problèmes toujours différents les uns des autres, pour la solution desquels il faut du discernement, c'est-à-dire l'intervention d'un homme faisant usage de son intelligence, de son imagination, de son esprit d'invention. Le petit atelier développe ce genre de qualités plus que la grande usine. Et l'ouvrier qui se trouve les posséder dans le cadre de la grande usine, en fait plus volontiers usage pour résoudre des questions susceptibles d'applications générales, au lieu de dépenser son ingéniosité à régler une quantité de petits incidents. Grâce à cela, la construction mécanique comporte une multitude de petits établissements.

Mais quand le produit fini auquel aboutit la construction mécanique est d'un usage très général et d'un type très uniforme, quand on peut le fabriquer en longues séries, la grande usine s'impose et prend sa revanche. C'est ce qui a lieu, en général, pour la plupart des machines. Au début, dans la première période qui marque une invention nouvelle, les types définitifs ne sont pas fixés; des améliorations et des transformations s'opèrent constamment; la recherche de progrès entrevus, non encore mis au point, mais que l'on sent tout proches, empêche la construction en longues séries; le petit atelier composé d'ouvriers très spécialisés demeure la règle. Mais dès que les types sont suffisamment confirmés pour qu'on ait avantage à les fabriquer en séries, l'atelier grandit et change de nature. Quelques spécialistes suffisent à encadrer de grandes quantités d'ajusteurs et de monteurs.

L'outillage de la grande industrie, qui suppose l'acquisition par une même entreprise d'une grande quantité de machines-outils absolument semblables les unes aux autres, se prête tout spécialement à la construction en longues séries. Nous en trouvons un excellent exemple dans la fabrique de métiers à tisser et à filer de MM. Platt Brothers à Oldham, dans le Lancashire.

Platt Brothers emploient plus de dix mille ouvriers à la construction exclusive des métiers à filer et à tisser. Peu de variété de produits, par conséquent, malgré les types différents qui sont fabriqués. Mais chacun d'eux est fabriqué en grandes quantités, en longues séries.

C'est d'ailleurs une nécessité commerciale en même temps qu'un avantage technique. Les filateurs et les tisseurs qui passent des commandes à Platt Brothers, étant eux-mêmes de grands fabricants, passent de fortes commandes. Et ils sont toujours pressés de recevoir livraison. En effet, s'ils ont pris la décision d'immobiliser un capital considérable dans le renouvellement de leur outillage, c'est que leur outillage ancien, à bout de course ou démodé, ne leur donne plus le rendement suffisant; il faut mettre fin sans retard à cette situation et justifier l'ampleur de la dépense par un résultat très prompt, donc obtenir livraison très rapidement. Pour servir une clientèle ayant de si légitimes, mais si dures exigences, il faut avoir une grande capacité de production, afin d'exécuter un ordre plus vite qu'un concurrent.

Enfin, il faut tenir compte du grand éloignement de certains clients. La maison Platt Brothers établit des usines textiles dans l'Europe entière, aux Indes, au Japon, en Australie, aux États-Unis. Elle se charge de monter elle-même sur place les métiers qu'elle a construits. A cet effet, elle a constitué des équipes d'ouvriers d'élite qu'elle envoie à ses clients, en même temps que les métiers fournis. La création et l'entretien de ces équipes de choix charge sensiblement les frais généraux de l'entreprise. Elle oblige, par suite, à répartir ces frais sur une très grosse production. Et c'est une raison nouvelle de se constituer en grande usine [1]. On comprend aisément qu'une entreprise plus modeste ne pourrait pas atteindre et servir la clientèle des industriels textiles étrangers comme le font Platt Brothers.

Mêmes caractères généraux dans la construction de machines agricoles aux États-Unis. La clientèle est infiniment plus dispersée, moins groupée, mais

1. V. dans *La question ouvrière en Angleterre*, 3e partie, chap. ɪ, la description de l'usine Platt Brothers.

plus nombreuse encore. Les faucheuses et moissonneuses de la maison Mac Cormick se trouvent dans le
monde entier. Et c'est le triomphe de la construction
en série : les types sont moins variés que pour les
métiers textiles; par suite, la série de fabrication est
plus longue encore. Tous les éléments constitutifs de
chaque machine sont fabriqués par milliers. Le moa-
tage seul se fait à la main. L'économie de prix de
revient qui résulte de ce fait est probablement la
cause principale du succès de la concentration industrielle, dans ce cas; car la dispersion de la clientèle
permettrait à de petites entreprises, dispersées elles
aussi, de la servir avec avantage. Mais la supériorité
de la fabrication en grande masse s'affirme ici avec
éclat et permet, en temps normal, l'invasion des
marchés d'Europe par les machines agricoles des
États-Unis. Il faut même que cette supériorité soit
marquée pour que, dans les conditions actuelles du
change, des faucheuses et moissonneuses américaines
puissent encore pénétrer, comme elles le font, en
France.

L'industrie de l'automobile évolue de plus en plus
vers la grande usine et vers la fabrication en série
depuis que les types divers sont confirmés. Pendant
la période des recherches et des expériences, l'atelier
de construction automobile était souvent déjà un
grand atelier, à cause de l'importance du produit;
mais aujourd'hui, l'usine qui sort chaque jour un
nombre élevé de voitures correspondant à quelques

modèles s'empare de plus en plus du marché. Bien que le petit atelier puisse résoudre les problèmes techniques de la fabrication automobile, c'est-à-dire produire les différentes parties de la voiture et la monter, son prix de revient trop élevé l'oblige à céder la place à la grande usine. Le petit atelier trouve seulement un refuge dans les réparations.

Il en est de même, et pour les mêmes raisons, des fabriques de cycles, de machines à coudre, qui, par suite du peu d'importance de leurs produits, paraîtraient devoir s'accommoder, mieux encore que la fabrication automobile, d'ateliers de petite taille. La production en grande série abaisse tellement leur prix de revient que l'usine a facilement raison des petits patrons.

Quant aux fabriques d'instruments de précision, elles trouvent en plus dans la grande usine l'avantage d'épreuves scientifiques méthodiques exécutées par des spécialistes. Incapable de supporter la dépense de ces épreuves en la répartissant sur une production modeste, le petit atelier ne peut guère lutter, à moins de se réduire à l'atelier domestique ou familial dirigé par un spécialiste ayant le goût de l'indépendance et décidé à se contenter d'une faible rémunération.

Bien entendu, le grand atelier triomphe d'une façon plus nette encore quand il s'agit de construire des machines puissantes, locomotives, turbines de haute chute, générateurs d'énergie, appareils de levage de grande capacité, ponts métalliques, ponts roulants pour usines. Ici, le petit atelier serait incapable de fabriquer un seul de ces objets et, à supposer qu'il accomplît l'effort technique nécessaire pour y arriver, il ne pourrait pas le vendre avec profit, la concurrence l'obligeant à pratiquer des prix de vente inférieurs à son prix de revient, bien que laissant une marge suffisante de profits à ses concurrents fabriquant en série. Une locomotive de grande ligne, en France, pèse actuellement de 75 à 100 tonnes. Elle atteignait, en moyenne, avant la guerre, un prix voisin de 150 000 francs, qu'il faut tripler aujourd'hui. Mais, pour la livrer à ce prix, il faut en faire une grande quantité, par suite, avoir un grand établissement.

Plus le principe de la fabrication en série est largement appliqué, plus s'accroît la dimension des usines. Aux États-Unis, tout pousse dans ce sens : la main-d'œuvre y est sensiblement plus coûteuse qu'en Europe; il y a donc un avantage plus marqué à l'économiser par un emploi généralisé des procédés mécaniques. En second lieu, la clientèle des chemins de fer américains est énorme et demande la répétition très multipliée des modèles adoptés. De plus, la direction des chemins de fer américains a toujours été entre les mains d'exploitants et non de techniciens, plus préoccupés du rendement commercial de leur matériel que de sa perfection théorique. Enfin, l'habitude générale, la tendance érigée en une sorte de principe est de ne pas réparer un matériel démodé, mais plutôt de le remplacer entièrement. Dès lors, les

imperfections de la construction en grande série impor-
tent assez peu. Le travail est moins soigné, ne se
prête ni à des modifications, ni à des réparations;
mais on ne demande au matériel ainsi produit qu'un
service de durée limitée, après quoi il sera impi-
toyablement mis aux vieilles ferrailles. Rien de curieux
comme de constater le mépris d'un bon ouvrier d'Europe pour ces procédés; il jette un regard de pitié
sur ces machines faites « à la diable » et les compare
aux locomotives anglaises ou françaises dont on peut
tirer parti indéfiniment, même quand elles ont atteint
un âge vénérable, avec quelques remplacements et
arrangements. Mais l'Américain accepte de parti pris
cette sorte d'infériorité dans laquelle il voit l'avantage d'un rajeunissement constant du matériel et
celui, non moins appréciable, d'un prix de revient
fortement abaissé. Ce sont deux conceptions contra-
dictoires.

Dans ces conditions, la fabrique américaine de
locomotives pousse au maximum le principe de la
construction en série et atteint des dimensions formi-
dables. C'est le cas, par exemple, des Baldwin Locomotive Works de Philadelphie. Depuis de longues
années déjà, Baldwin ne se contente pas d'exécuter
les commandes de locomotives qu'il reçoit, mais en
construit par avance en stock et peut ainsi répondre
à des clients pressés par des livraisons immédiates.
C'est bien la marque d'une fabrication en série, reproduisant constamment les mêmes modèles. Au point

de vue de l'exportation, c'est aussi un avantage d'avoir toujours des locomotives en magasin, et les États-Unis exportent largement. Malgré l'absence de toute commande de la part de la Russie, qui achetait autrefois de nombreuses locomotives aux États-Unis, nous relevons encore :

1 711 locomotives exportées en 1920
.1 012 — — 1921 [1].

Pour se rendre compte de l'importance de ces chiffres, il est bon de noter que les quinze grandes fabriques anglaises de locomotives, qui constituent la Locomotive Manufacturers' Association, évaluent leur capacité de production annuelle, après guerre, à 1 841 locomotives, d'un tonnage total de 120 024 tonnes (soit un tonnage moyen de 65 tonnes environ). L'exportation américaine de 1920 est donc peu éloignée de la production anglaise de locomotives [2].

En France, la construction en série uniforme des locomotives des grands réseaux a été souvent entravée par les préoccupations techniques des différentes directions de ces réseaux attachées à des types spéciaux créés par elles. Même aujourd'hui, avec la pénétration qui s'est établie entre les grands réseaux depuis le régime nouveau, on n'envisage pas l'uniformisation

---

1. Circulaire n° 857 de la *Chambre syndicale des fabricants de matériel de chemins de fer.*

2. Circulaire n° 776 de la *Chambre syndicale des fabricants de matériel de chemins de fer.*

complète des types de locomotives, mais seulement l'unification de la plupart des éléments de construction, de façon à faciliter le remplacement des pièces de rechange. Il n'en reste pas moins que nos locomotives françaises sont construites dans de grands établissements, généralement moins étroitement spécialisés que les fabriques américaines, et pouvant se consacrer à des tâches plus diverses. A titre de simple indication, nommons le Creusot, les anciens Établissements Cail, Fives-Lille, Gouin, la Société Alsacienne de Construction mécanique.

Une autre variété de construction mécanique qui nécessite une concentration industrielle accentuée est la construction du matériel de guerre. On a pu exceptionnellement, pendant la guerre, tourner des obus dans des ateliers de toutes tailles. On ne se préoccupait pas avec raison, à ce moment-là, du prix de revient. En temps normal, ces fabrications sont jointes aux constructions de matériel dont elles dépendent. Qu'il s'agisse de canons de campagne ou d'artillerie lourde, ou de tourelles blindées, il va de soi que seuls de puissants établissements peuvent produire des engins de ce genre. Non seulement leur exécution s'accommoderait difficilement du petit atelier; mais l'étude et la préparation qu'elle suppose, les épreuves qu'elle comporte avant livraison ne s'en arrangeraient aucunement. Ajoutez qu'il faut d'ordinaire livrer en fortes quantités l'artillerie que commande un État. Aussi la spécialité du matériel de guerre se lie-t-elle

en tous pays à de très grands établissements : le
Creusot en France, Krupp en Allemagne, Armstrong,
Wickers and Maxim's en Angleterre.

Mais le degré le plus éminent de concentration
industrielle se rencontre dans la construction navale.
C'est pourquoi nous l'étudierons avec quelques détails·

3. — LA CONCENTRATION INDUSTRIELLE
DANS LA CONSTRUCTION NAVALE.

Le grand chantier naval s'impose tout d'abord à
cause de l'importance croissante du produit. Alors
qu'une locomotive coûtait avant la guerre plus de
100 000 francs, un navire de charge moyen atteignait
et dépassait un million; un grand paquebot variait
de 10 à 30 millions. Aujourd'hui, un paquebot de
grande ligne revient à 100 millions de francs au
minimum.

Même les navires de pêche modernes, chalutiers de
300 tonneaux de jauge brute et de 500 chevaux de
puissance, sont payés couramment, même en temps
de dépression, de 300 000 à 400 000 francs. Et nous
ne parlons que pour mémoire des prix plus élevés
pratiqués pendant la guerre et au cours des deux années
qui ont suivi la fin des hostilités.

Quant à la construction des vaisseaux de guerre,
on sait que le grand cuirassé pour lequel on prévoyait
avant 1914 des crédits d'une cinquantaine de millions,

demanderait au moins trois fois cette somme aujourd'hui. Même proportion pour les unités moins coûteuses, telles que croiseurs, contre-torpilleurs, sous-marins, etc.

Les chantiers navals de dimensions relativement modestes ne peuvent construire que des remorqueurs, des torpilleurs, de petits chalutiers. Il y a aussi des chantiers de construction en bois pour les goélettes, les chalands, etc. Nous les négligeons, parce qu'ils ne se rattachent pas à la métallurgie. Le chantier de construction métallique capable de fournir aux besoins actuels des flottes de guerre ou des flottes commerciales ne peut être qu'un grand chantier en raison du tonnage des navires modernes.

Il a, en outre, avantage à être très grand pour pouvoir construire en série. Ce qui est une sensible économie pour une fabrique de locomotives est une économie considérable pour un chantier naval. Les études et l'établissement des plans d'un navire à vapeur nécessitent beaucoup de temps et comportent le concours de nombreux techniciens spécialisés. Ce sont là de très gros frais, correspondant à la solution d'un problème des plus complexes. Si ces études et ces plans servent à l'exécution d'une seule unité, le prix de cette unité est augmenté de la totalité des frais. Si dix ou vingt navires sont construits sur le même modèle, leur prix n'est plus majoré que du dixième ou du vingtième des frais préparatoires.

Cela est si vrai que là où, pour des raisons diverses,

la construction en série n'est pas possible, le navire est toujours beaucoup plus coûteux. Les chantiers anglais qui construisaient avant la guerre les deux tiers environ du tonnage lancé annuellement dans le monde, 2 millions de tonneaux de jauge brute sur 3 millions [1], possédaient le grand avantage d'avoir comme principal client l'armement anglais, qui est en majorité (environ 60 p. 100) un armement de *tramps*, c'est-à-dire de navires non spécialisés répondant à un petit nombre de types. Ils pouvaient construire en série pour cette clientèle, et ils pouvaient construire en longue série, parce que cette clientèle était nombreuse. Même ils attiraient à eux la clientèle étrangère et construisaient de 500 000 à 700 000 tonneaux chaque année pour des armateurs non britanniques, parce qu'ils pouvaient les faire profiter de la réduction de prix de revient due à la multiple reproduction des mêmes modèles. Aucun chantier d'Europe ou des États-Unis ne pouvait, avant la guerre, offrir un avantage semblable au même degré. Pourtant, lorsque

1. En 1911, les chantiers navals du Royaume-Uni ont lancé 1 803 844 tonneaux de jauge brute de navires de commerce;
En 1912 le chiffre est de 1 738 514 tonneaux de jauge brute.
En 1913 — 1 932 153 —

Pendant la guerre, la construction des chantiers anglais a été réservée au pavillon anglais et est tombée exceptionnellement à 650 919 tonneaux de jauge brute en 1915.
Dès 1919 elle se relevait à 1 620 442 tonneaux de jauge brute.
Elle s'est exprimée depuis lors par les chiffres suivants :
1920 . . . . 2 055 624 tonneaux de jauge brute.
1921 . . . . 1 538 052 —
1922 . . . . 1 031 081 —

les États-Unis décidèrent en 1916 de créer une énorme flotte de commerce et s'outillèrent puissamment pour la construire, ils résolurent sans retard le problème technique se rattachant à la construction navale en série [1]. C'est qu'ils avaient écarté le problème économique et résolu de construire en grande quantité, pour des motifs d'ordre national, les navires de commerce destinés à remplacer le tonnage détruit par la guerre sous-marine.

En dehors de ces circonstances exceptionnelles, la construction en série des navires *tramps* suppose une grande flotte commerciale de *tramps* et c'est pourquoi l'Angleterre est seule jusqu'ici à la pratiquer d'une façon intense en temps normal.

Quant aux navires de ligne et surtout aux paquebots, la construction en série leur est difficilement applicable. Ce sont des navires spécialisés dans un trafic, construits en vue de tels ou tels voyages. Tout ce

---

1. Construction navale de navires de commerce aux États-Unis

1913.	346 155	tonneaux de jauge brute.
1914.	316 250	—
1915.	225 122	—
1916.	325 413	—
1917.	564 479	—
1918.	1 300 868	—
1919.	3 326 621	—
1920.	3 880 639	—
1921.	2 265 115	—
1922.	588 292	—
1923.	145 863	—

(D'après les *Annual reports of the Commissioner of navigation* de Washington.)

qu'on peut faire, c'est de passer à la fois des commandes groupées de quelques navires semblables. Encore n'est-ce pas ordinairement possible pour les grands paquebots de luxe. Ceux-ci, en effet, doivent se recommander aux passagers par la nouveauté de leur installation, l'imprévu de leur décoration. Un paquebot tout semblable à celui lancé deux ou trois ans auparavant ferait l'effet d'un vêtement démodé. On ne peut répéter le même modèle, et encore un nombre de fois très limité, qu'en mettant à la fois en service une série de paquebots. Ce procédé n'est employé que par les plus puissantes des compagnies de navigation.

La difficulté ou l'impossibilité de construire en série ne dispense pas, au surplus, les chantiers navals de la concentration industrielle. Pour construire un seul grand cuirassé, il faut disposer d'outillages et d'aménagements spéciaux extrêmement coûteux. Ce sont, par exemple, des pontons-grues de grande puissance pour l'embarquement des tourelles, pour la mise à bord des chaudières et des machines. Les cales de construction de ces vaisseaux ont des dimensions considérables et leur établissement coûte plusieurs millions. Et cependant tout cela n'est utilisé qu'exceptionnellement. Par suite, de très grosses immobilisations sont nécessaires pour un usage rare. Des entreprises ayant de puissants moyens d'action et trouvant dans d'autres travaux la source de bénéfices plus réguliers sont seules en mesure de se plier à ces nécessités onéreuses.

CHAPITRE V

L'intégration dans la métallurgie.

Nous avons vu successivement par suite de quelles nécessités techniques la Mine de fer, le Haut fourneau, l'Aciérie, le Laminoir et certains ateliers de construction mécanique sont organisés en grands établissements. C'est une première forme de la concentration industrielle, celle que l'on désigne parfois sous le nom de concentration horizontale.

Nous allons constater maintenant que ces grands établissements peuvent rarement vivre à l'écart les uns des autres, isolément, mais doivent, dans beaucoup de cas, se joindre, s'intégrer à d'autres établissements leur fournissant soit des matières premières qu'ils traitent, soit une clientèle pour l'écoulement de leurs produits. C'est une seconde forme de concentration industrielle, l'intégration, appelée parfois concentration verticale.

Rappelons la définition déjà donnée plus haut : l'intégration est la réunion sous une même direction d'établissements industriels complémentaires les uns des autres, de telle manière que le produit de l'un constitue la matière première de l'autre[1].

Dans la Métallurgie, l'intégration a un champ beaucoup plus vaste que dans l'Industrie houillère, parce que c'est une industrie de fabrication comportant plusieurs transformations successives. Plus est longue la série des opérations que comporte un genre d'industrie, plus cette industrie se prête à l'intégration.

Encore faut-il, pour que l'intégration se produise, qu'elle offre des avantages. Ceux que nous relevons dans la métallurgie sont de deux ordres, d'ordre technique et d'ordre économique.

Les avantages techniques principaux se ramènent à trois chefs : économie de transports et de manutentions; économie de combustibles; économie de force motrice. Examinons-les successivement.

Il est d'autant plus désirable d'économiser les transports et les manutentions, que nous avons affaire, en métallurgie, à des matières lourdes et de valeur peu élevée. Ce sont des minerais de fer, du coke, de la fonte, des lingots d'acier, des produits de laminoirs. Si des manutentions nombreuses incorporent à ces produits le coût d'une main-d'œuvre importante,

1. Pour être très complète, la définition devrait viser aussi les cas où le sous-produit d'un établissement constitue la matière première ou l'agent de transformation de l'autre. (Cas des fabriques de chlore intégrées aux soudières du procédé Leblanc, cas de la cokerie intégrée au haut fourneau, etc...)

elles en majorent le prix dans une très forte proportion. Elles peuvent en rendre la vente difficile.

Par suite, il sera avantageux d'établir des hauts fourneaux dans le voisinage immédiat des mines de fer. C'est ce qui a lieu généralement en Lorraine. Nous en avons vu des exemples à Auboué, à Homécourt, où les hauts fourneaux sont situés sur la concession même. On réduit ainsi au minimum le transport du minerai de fer au haut fourneau

Une autre combinaison consiste à placer le haut fourneau près de la cokerie et de la mine de houille. Elle était fréquente quand le lit de fusion du haut fourneau comportait un poids de coke presque égal à celui du minerai. Elle est moins avantageuse aujourd'hui que, grâce à la récupération des gaz de haut fourneau, à l'établissement des cowpers et à l'introduction de vent chaud par les machines soufflantes, la proportion de coke employée a sensiblement diminué. L'économie de transports réalisée par la proximité de la mine de fer est plus profitable lorsque, comme en Lorraine, on emploie de trois tonnes à trois tonnes et demie de minerai pour une tonne de coke.

Il y a également économie de transports quand le haut fourneau est joint à l'aciérie, quand l'aciérie est jointe aux laminoirs et ceux-ci à l'atelier de construction mécanique. On évite ainsi des manutentions multiples et du magasinage : pour la fonte, entre le haut fourneau et l'aciérie; pour le lingot d'acier, entre l'aciérie et le laminoir; pour les tôles, profilés, etc., entre les trains de laminoirs et l'atelier de construction mécanique.

Le voisinage matériel des hauts fourneaux, des aciéries et des laminoirs permet aussi une sérieuse économie de combustible. Voici, par exemple, comment les choses se passent dans un haut fourneau lorrain intégré à une aciérie Bessemer-Thomas. Au lieu de laisser la coulée de fonte s'épancher dans une série de petits canaux, dans lesquels elle se refroidit et se solidifie sous forme de « gueuse », on la reçoit directement dans un wagon-réservoir métallique muni d'un large entonnoir. Ce wagon, qui rappelle par sa forme les wagons-foudres employés par les viticulteurs du Midi, est amené sous le trou de coulée du haut fourneau. Aussitôt plein de fonte incandescente, la locomotive à laquelle il est attelé le remorque jusqu'à l'aciérie en quelques secondes. Arrivé là, il est vidé de son contenu dans des récipients de grande capacité, nommés mélangeurs, où l'on vient prendre la charge du convertisseur Bessemer au fur et à mesure de ses besoins. La fonte est maintenue à l'état fluide dans le mélangeur de telle sorte que le convertisseur trouve là la matière première qu'il doit traiter, dans l'état où il doit la traiter[1].

1. Il serait évidemment plus parfait de traiter la fonte incandescente dans la cornue Bessemer dès sa sortie du haut fourneau. Mais la coulée se faisant toutes les deux heures et l'opération du convertisseur durant de vingt-cinq à trente minutes, les deux rythmes de fabrication ne correspondent pas. Le mélangeur agit comme un volant de régularisation.

Même économie de combustible quand la lingo-tière, qui a reçu l'acier en fusion au sortir de la cornue Bessemer, livre le lingot aux trains de laminoirs à l'état rouge-blanc. Placé dans un four à réchauffer, en attendant d'être traité, le lingot arrive ainsi au laminoir dégrossisseur avant d'avoir perdu sa cha-leur. Et si les trains successifs par lesquels il doit passer sont intégrés, il est livré à chacun d'eux dans sa forme nouvelle, mais avec la chaleur résultant de la dernière opération à laquelle il a été soumis.

Ce sont assurément d'importants avantages que ces économies de transport et de combustible. Mais nous n'avons pas encore parlé de la cause d'inté-gration la plus puissante et la plus agissante, l'économie de force motrice résultant de l'utilisation des gaz de hauts fourneaux.

Nous avons indiqué déjà, en étudiant le haut four-neau lui-même, comment il est devenu une source de force motrice. Autrefois, on laissait perdre les gaz qui s'échappaient par le gueulard. On les a utilisés d'abord pour réchauffer l'air soufflé par les tuyères dans l'ouvrage; puis on les a brûlés sous des chaudières pour produire de la vapeur; enfin, on les a épurés et employés directement dans des moteurs à combus-tion interne.

Nous avons maintenant à voir comment cette produc-tion de force motrice par le haut fourneau est devenue un agent actif d'intégration.

D'après les estimations des techniciens les plus compétents, 45 p. 100 des gaz récupérés sont employés pour le service des cowpers; 15 p. 100 sont utilisés comme force motrice pour actionner les machines soufflantes; soit en tout 60 p. 100 pris par le haut fourneau. Il reste donc disponibles 40 p. 100 de gaz, qui représentent sensiblement 20 kilowatts par tonne de fonte produite [1].

Estimés en chevaux-vapeur, les gaz disponibles après service du haut fourneau représentent de 30 à 35 HP par tonne de fonte [2]. En Lorraine les ingénieurs de hauts fourneaux indiquent couramment le chiffre de 7 000 à 8 000 HP par jour pour des hauts fourneaux de 180 à 200 tonnes de production journalière. Les témoignages concordent sensiblement. Ils diffèrent beaucoup dans leur expression, soit quand le service du haut fourneau n'est pas déduit ou n'est déduit que partiellement, soit lorsqu'on utilise les gaz disponibles en les faisant brûler sous une chaudière pour produire de la vapeur. Dans ce cas, en effet, la force motrice disponible peut diminuer dans la proportion de 5 à 1, comme le montre l'exemple suivant : un haut fourneau de 250 tonnes de production journalière peut actionner des moteurs à gaz d'une puissance continuelle de 10 000 chevaux effectifs. Là-dessus il en faut 2 500 pour le service du haut fourneau. Restent 7 500 dis-

---

1. *Bulletin de la Société d'Encouragement à l'industrie nationale*, septembre-octobre 1916. Article de M. LÉON GUILLET.
2. FRITZ THYSSEN donne le chiffre de 35 HP (*Revue économique internationale*, juin 1911, p. 453).

ponibles. En brûlant les gaz sous les chaudières, on obtiendrait seulement 4 000 chevaux; il en faudrait toujours 2 500 pour le haut fourneau. Il n'y en aurait donc plus que 5 000 disponibles au lieu de 7 500 [1].

Au commencement de 1914, M. Gouvy estimait que si les hauts fourneaux de Lorraine avaient été tous installés avec récupération des gaz et utilisation par des moteurs, on aurait obtenu ainsi une force constante de 414 000 HP [2] représentant à cette époque une valeur de 56 300 000 francs [3]. Ce chiffre montre clairement l'intérêt économique de la récupération des gaz de hauts fourneaux.

Cependant elle est loin d'être installée partout. Avant la guerre les hauts fourneaux à récupération de gaz étaient encore une minorité. Ils représentaient par rapport à l'ensemble, 13 p. 100 aux États-Unis, 23 p. 100 en Allemagne, 21 p. 100 en Belgique, 12 p. 100 en France, 1,5 p. 100 en Angleterre [4]. Les Américains, riches en charbons et habitués au gaspillage, n'avaient pas fait un grand effort de ce côté. L'Allemagne, ayant établi récemment la plus grande partie de ses hauts fourneaux, les avait dotés de tous les perfectionnements. La France et bien plus encore l'Angleterre avaient peu transformé leurs anciens hauts fourneaux.

1. *Bulletin de la Société industrielle de l'Est*, avril 1913, p. 23 et 24 Ch. REIGNIER.
2. *Bulletin du Comité des Forges*, n° 3 238, février 1914.
3. La production de fonte lorraine en 1913 étant de 4 480 000 tonnes, ce chiffre donnait 33,7 HP par tonne de fonte journalière.
4. *Bulletin de la Société d'Encouragement*, loc. cit., p. 204.

En ce qui nous concerne, les usines métallurgiques sinistrées se reconstruisent naturellement sur les modèles les plus récents et la récupération des gaz est prévue ou installée dans les hauts fourneaux de remplacement.

Quoi qu'il en soit de l'importance des applications réalisées, il faut retenir que là ou la récupération des gaz est organisée, le haut fourneau produit à la fois de la fonte et de la force motrice. Par suite, il est naturel que d'autres usines métallurgiques consommatrices d'énergie viennent se grouper autour de lui. Si les circonstances le permettent, il sera plus facile, en effet, à une société métallurgique propriétaire de hauts fourneaux d'employer son énergie disponible à poursuivre l'opération industrielle commencée, à dénaturer la fonte qu'elle a produite, qu'à entreprendre une autre fabrication. Ainsi arrive-t-il très souvent que le haut fourneau constitue le centre d'une série d'établissements métallurgiques dont il est l'animateur. Non seulement il fournit de la fonte aux aciéries et aux laminoirs, mais, par une sorte de retour en arrière, il en fournit aussi à la mine de fer qui lui donne sa matière première. Il est ainsi un agent d'intégration très effectif.

Les usines d'Homécourt présentaient, avant leur destruction pendant la guerre, un excellent exemple de cette intégration. Une batterie de sept hauts fourneaux livrait 40 000 à 50 000 HP par jour, service des cowpers et des soufflantes déduit. Cette somme d'énergie distribuée dans l'ensemble des établissements suffisait aux services suivants : elle actionnait les perforatrices, les pompes et les ventilateurs de la mine de fer toute voisine; elle traînait les bennes sur les voies ferrées de la mine; elle les remontait au jour; elle assurait la descente et la remontée des mineurs; elle éclairait les galeries et les postes où ils travaillaient; enfin, elle transportait le minerai de la mine au haut fourneau. Voilà pour le service de la mine. Mentionnons pour mémoire le service du haut fourneau qui comprend l'élévation jusqu'au gueulard, par un plan incliné, des wagonnets contenant les différents éléments du lit de fusion; puis le chauffage des cowpers et la marche des soufflantes. L'énergie ainsi dépensée n'est pas comptée dans les 40 000 à 50 000 HP considérés comme disponibles. Mais nous en retrouvons l'emploi pour conduire la fonte en fusion du haut fourneau aux mélangeurs, puis aux convertisseurs Bessemer; pour souffler le vent dans les convertisseurs; pour assurer leur renversement au commencement et à la fin de chaque opération; pour conduire les lingots d'acier aux fours à chauffer et aux laminoirs; enfin, pour actionner les différents trains de laminoirs, gros consommateurs d'énergie.

On comprend que la tentation soit grande de grouper autour du haut fourneau, producteur de force, ces usines consommatrices de force, qui transforment précisément la fonte livrée par le haut fourneau. Dans la plupart des cas, la récupération des gaz amène ainsi l'intégration métallurgique et on peut dire que le propriétaire de haut fourneau à récupération de gaz qui ne dénature pas lui-même sa fonte devient une exception aujourd'hui. Si des circonstances particulières ne lui permettent pas de réaliser l'intégration métallurgique, il doit s'ingénier pour trouver un emploi à l'énergie dont il dispose. Par exemple, il fabrique des briques et des ciments de laitiers; parfois il crée une centrale électrique et vend du courant à des entreprises de transport en commun, d'éclairage ou de fabrication[1].

La récupération des gaz de fours à coke est, elle aussi, nous l'avons vu, un agent d'intégration énergique en ce qui concerne les usines de produits chimiques. Elle peut aussi favoriser l'intégration de la cokerie aux fours Martin depuis qu'on a utilisé les gaz de cokeries pour le chauffage de ces fours.

On calcule qu'un four Martin consomme couramment 250 kilogrammes de houille par tonne d'acier brut produite (soit une tonne de houille pour 4 tonnes d'acier brut). Or, une tonne de houille peut être remplacée, pour le chauffage du four Martin, par 1760 mètres cubes de gaz de cokerie. Par suite, une batterie de fours à coke traitant 100 000 tonnes de houille par an peut alimenter à elle seule un four Martin produisant 90 tonnes de lingots par jour, soit

1. Exemple des hauts fourneaux de Dommeldange qui alimentent les réseaux de tramways du Luxembourg. (*Société industrielle de l'Est*, mai 1912, p. 34.)

environ 30 000 tonnes par an[1]. D'autre part, cette substitution du gaz à la houille permet une plus grande rapidité des opérations, se traduisant par une augmentation de production de 25 p. 100; les déchets sont réduits; la manutention des houilles et des scories est supprimée; la qualité de l'acier est meilleure à cause de la rapidité du travail et d'un réglage de température plus exact[2].

Des avantages techniques notables résultent donc de l'intégration du four Martin à la cokerie, comme de l'intégration au haut fourneau, de la mine de fer, de l'aciérie et du laminoir.

Mais, en plus, l'intégration métallurgique présente, comme les autres intégrations, des avantages d'ordre économique. A chaque stade de l'opération, elle supprime les commissions de courtage que prélèvent les intermédiaires, tant pour l'achat de la matière première que pour la vente du produit. L'aciérie intégrée n'achète pas sa fonte et ne vend pas son acier. L'intégration supprime également la charge de l'escompte que supporte le vendeur quand il veut disposer de suite du prix de vente payable généralement à trois mois. Ces avantages permettent de faire marcher des établissements intégrés les uns aux autres avec un capital proportionnellement moindre que celui qu'exigeraient des usines isolées. Le Président du *Steel Trust* des États-Unis, M. Gary, a indiqué au cours

1. A. Gouvy. *Bulletin du Comité des Forges*, n° 3238, février 1914.
2. *Id., ibid.*

d'une enquête célèbre que le Trust de l'acier travaillait, du fait de la colossale intégration qu'il a organisée, avec un capital inférieur de 50 p. 100 à celui qui serait nécessaire sans elle. Ce témoignage est suspect d'exagération, mais se fonde sur un fait incontestable.

Notons que les avantages techniques ne peuvent être obtenus que par une intégration réunissant des usines voisines les unes des autres. L'utilisation de l'énergie disponible du haut fourneau par une mine de fer, une aciérie ou un laminoir suppose une certaine proximité. De même, l'utilisation des gaz de cokeries par un four Martin. Il n'en est pas ainsi des avantages économiques. Des usines métallurgiques, des mines situées à des milliers de kilomètres les unes des autres, mais unies sous une même direction, peuvent en profiter. Nous en avons la preuve aux États-Unis avec le Steel Trust, en Allemagne avec les grands *Konzern* Hugo Stinnes, Thyssen, Krupp, etc., en Angleterre avec Armstrong, Wickers, Maxim's et autres.

On n'aurait pas une idée juste du rôle de l'intégration dans la métallurgie si, à côté des avantages qu'elle offre, on n'indiquait pas les difficultés qu'elle crée ; si, à côté des forces qui la favorisent, on ne faisait pas figurer celles qui l'entravent ou l'atténuent. A ne considérer que ce que nous en avons dit jusqu'ici, il semblerait, en effet, que l'intégration dût régner sans partage et qu'aucune entreprise n'y échappât. La réalité est toute différente.

2. — LES OBSTACLES ET LES LIMITES A L'INTÉGRATION MÉTALLURGIQUE.

D'après la définition même que nous avons donnée, il faut qu'il existe entre les usines intégrées un parfait et constant équilibre. Si la mine donne tantôt plus et tantôt moins de minerai que les hauts fourneaux n'en consomment; si ceux-ci produisent plus ou moins de fonte que l'aciérie n'en dénature; si l'aciérie ne suffit pas à l'activité des trains de laminoirs ou si elle la dépasse, il cesse d'y avoir intégration dans la mesure même de ces excès ou de ces défauts. En effet, pour ces excès, le produit d'une usine n'est plus la matière première de l'autre : pour ces défauts, la matière première de la seconde usine n'est plus le produit de la première. En d'autres termes, tout déséquilibre entre la capacité de production de deux ou plusieurs usines intégrées constitue une atteinte à leur intégration.

Suivant la nature de l'opération exécutée par chacune d'elles, ce déséquilibre est plus ou moins à redouter. Aussi le mieux est-il de passer successivement en revue les divers cas les plus ordinaires de l'intégration métallurgique et de voir pour chacun d'eux comment le problème se présente. Il y a, d'ailleurs, d'autres obstacles à surmonter que celui-là; nous les rencontrerons au fur et à mesure de notre examen.

L'intégration des hauts fourneaux et des cokeries est souvent recherchée parce que les hauts fourneaux sont de beaucoup les plus gros clients des cokeries. Par exemple, le Syndicat rhénan-westphalien des cokes vend 80 p. 100 de sa production à la métallurgie. D'autre part, la quantité de coke employé par un haut fourneau ne variant pas, l'équilibre est facile à obtenir entre sa consommation et la production du coke à la cokerie. C'est un rapport constant. Cependant cette intégration se heurte à une difficulté depuis que la récupération des gaz de cokeries en a créé une autre entre la cokerie, les usines de benzol, d'ammoniaque et de goudron. Il faut, en effet, faire cadrer les capacités de production de ces diverses usines, et c'est beaucoup plus complexe que lorsque la cokerie et le haut fourneau étaient seuls en cause.

L'intégration de la cokerie et du four Martin se réalise assez facilement, parce que, là aussi, nous nous trouvons en face d'une constante : la quantité de gaz fournie à un four de marche régulière ne varie pas. Toutefois, il y a une complication d'ordre économique résultant du fait que le chômage de la cokerie ou du four Martin entraîne le chômage du four Martin ou de la cokerie. Dans les moments de dépression ou d'incertitude, ce peut être un élément d'aggravation de la crise pour les établissements intégrés.

En fait, dans les pays qui produisent eux-mêmes leur coke, les houillères donnant le charbon à coke sont très souvent liées à des entreprises métallurgiques.

Dès 1909, on estimait à 56 p. 100 l'importance des mines allemandes contrôlées par la métallurgie. La proportion a certainement augmenté dans ces dernières années [1].

L'intégration des hauts fourneaux et des mines de fer est de plus en plus fréquente depuis que le haut fourneau est devenu une source d'énergie. Il est, en effet, complémentaire de cette grande consommatrice d'énergie qu'est la mine. Depuis que la récupération des gaz a fourni une nouvelle source de chaleur et qu'il faut moins de coke que de minerai dans le lit de fusion, le haut fourneau est attiré par le minerai. Son intégration à la mine se trouve donc facilitée. Enfin, il est aisé de calculer la capacité des hauts fourneaux d'après le rendement de la mine et de maintenir l'équilibre établi. C'est une des intégrations les plus normales. Nous en avons déjà cité des exemples. Ils sont nombreux en Lorraine. Il faudrait se garder cependant de généraliser. Rappelons que les mines si abondantes du Lac Supérieur, aux États-Unis, alimentent les hauts fourneaux de Pittsburg situés à une très grande distance. Il ne saurait être question de recourir pour l'exploitation de ces mines à l'énergie produite par les hauts fourneaux. Même cas pour les mines de fer d'Espagne, de Suède, et pour nos mines françaises dans la mesure où elles travaillent pour l'exportation.

1. V. tome I, ch. IV, 2, les difficultés soulevées par les mines-usines lors du renouvellement du Syndicat rhénan-westphalien des houilles en 1915.

Cela n'empêche pas, au surplus, que plusieurs de ces mines, tant aux États-Unis qu'en Europe, soient possédées par les établissements métallurgiques qui utilisent leur minerai; mais les avantages techniques de l'intégration disparaissent dans ce cas. Seuls, les avantages économiques demeurent. Le Trust de l'Acier possède la presque totalité du minerai Bessemer *(Bessemer range)* et les trois quarts des gisements du Lac Supérieur *(Messaba range)*. Les autres grandes entreprises métallurgiques américaines, la Bethleem Steel C°, la Republic Iron C°, etc., ont également leurs mines de fer. De même, Krupp, Thyssen et les autres grands *Konzern* allemands possèdent des mines de fer ou les contrôlent, non seulement en Allemagne, mais en Espagne, en Suède.

Les hauts fourneaux et les fonderies sont rarement intégrés les uns aux autres, parce que la fonte est utilisée généralement par les fonderies en quantités trop irrégulières. Suivant que ce sont de grandes ou de petites pièces que doit fabriquer la fonderie, il lui faut plus ou moins de fonte brute. D'où difficulté ou impossibilité de maintenir un équilibre constant entre la capacité des hauts fourneaux et celle de la fonderie. L'obstacle disparaît complètement quand la fonderie se spécialise dans la production d'un type uniforme, ou de plusieurs types uniformes ayant entre eux une proportion sensiblement régulière. C'est le cas pour les fonderies de tuyaux, dont celles de Pont-à-Mousson offrent, en France, l'exemple le plus connu.

Et l'obstacle disparaissant, l'intégration devient la règle dans cette spécialité, tant aux hauts fourneaux et fonderies de Pont-à-Mousson qu'à Aix-la-Chapelle, aux États-Unis, etc.

L'intégration du haut fourneau à l'aciérie est une des plus fréquentes et des plus importantes. Elle se pratique principalement dans le cas de l'emploi du procédé Bessemer ou Thomas. L'aciérie Bessemer peut, en effet, être organisée de manière à transformer toute la production d'une batterie de hauts fourneaux, et cela d'une façon régulière. Dans le cas de l'acier Martin, l'équilibre est plus difficile à maintenir, parce que le produit comporte plus de variétés, surtout si l'on veut obtenir des aciers spéciaux. C'est ce qui explique qu'en Lorraine, lieu d'élection du convertisseur Bessemer et du traitement basique Thomas, dès 1910 les cinq sixièmes des fontes étaient dénaturées par les entreprises mêmes qui les avaient produites [1].

Pendant une courte période, à la suite de la loi du 13 juillet 1906 sur le repos hebdomadaire, l'intégration du haut fourneau et de l'aciérie de Lorraine se trouva atteinte d'une façon curieuse. Le haut fourneau, constituant une industrie à feu continu, était autorisé à poursuivre le dimanche le jeu régulier de ses coulées de fonte; mais l'aciérie, n'étant pas classée comme usine à feu continu, ne pouvait pas traiter la fonte

1. Production de fonte de Meurthe-et-Moselle en 1910 : 2 756 212 tonnes. Fontes dénaturées par leurs producteurs : 2 319 130 tonnes, soit 84 p. 100.

incandescente dans le convertisseur. Par suite, on revenait le dimanche à l'ancien usage et la coulée de fonte s'épanchait et se distribuait ce jour-là dans les canaux où elle se solidifiait en gueuses. Toute cette fonte du dimanche échappait à l'intégration et était vendue au dehors. Une amélioration réalisée dans les mélangeurs a permis de résoudre autrement le problème. On arrive aujourd'hui à conserver dans ces mélangeurs la fonte incandescente pendant plus de vingt-quatre heures, de sorte qu'elle peut être traitée dès la reprise du travail le lundi matin.

Entre l'aciérie et le laminoir intégrés, l'équilibre est possible à maintenir sans difficulté aussi longtemps qu'il s'agit de laminoirs dégrossisseurs, de trains de *bloomings*. Ces trains donnent toujours, en effet, le même produit. Mais si on veut comprendre dans l'intégration des trains de tôles ou de profilés, la quantité de matières premières traitée dans un temps donné varie beaucoup suivant l'épaisseur des tôles ou les dimensions des profilés; par suite, l'équilibre entre la capacité de l'aciérie et celle des laminoirs ne peut être obtenue qu'en se spécialisant dans la même variété, ce qui n'est pas toujours possible, ou en maintenant une certaine proportion entre des fabrications complémentaires l'une de l'autre, ce qui est très complexe.

En somme, l'intégration la plus pratiquée dans la métallurgie est celle du haut fourneau, de l'aciérie et du gros train de laminoirs, à laquelle se joint souvent, d'une part, celle de la mine de fer lorsque le voisinage le permet, et, d'autre part, celle de trains de tôles ou de rails ou même d'autres profilés. Une batterie de hauts fourneaux à récupération de gaz peut fournir à cet ensemble l'énergie nécessaire. Dès 1900, en Allemagne, les laminoirs intégrés consommaient 89 p. 100 du total des matières élaborées par l'ensemble des laminoirs [1]. En 1909, le docteur Hugo Böttger déclarait que l'intégration du haut fourneau, de l'aciérie Bessemer ou Thomas et du laminoir se traduisait finalement par une économie de 15 marks par tonne d'acier laminé [2]. Quelque réserve que commandent des appréciations générales d'une pareille précision apparente, elles fournissent cependant une indication intéressante et il faut en retenir que, dans des cas très nombreux, cette intégration métallurgique à trois termes aboutit à une diminution appréciable du prix de revient.

Au delà du stade du laminoir, l'intégration est rarement complète et, là où on la rencontre, elle se justifie moins par une diminution du prix de revient que par une garantie de qualité. Si l'on veut obtenir une pièce de forge sans défaut, le plus sûr est de traiter soi-même le minerai dans le haut fourneau, de transformer la fonte en acier et de faire subir aux lingots d'acier toutes les opérations nécessaires. A chaque stade, en effet, on peut rebuter soit le minerai, soit la fonte, soit l'acier que l'on soupçonne de quelque

1. Rapport VOELKER, *Bulletin du Comité des Forges* n° 2343.
2. *Revue économique internationale*, avril 1909.

imperfection. Les commissions de recettes de certaines fournitures d'artillerie, par exemple, procèdent à ces examens successifs pour avoir toutes garanties.

Mais, dans ce cas, le grand établissement métallurgique qui part de la matière brute pour aboutir au produit fini équilibre la capacité de production de ses divers ateliers en recourant à la vente au dehors de certains excédents ou à l'achat au dehors de ceux des produits qui lui font défaut. En d'autres termes, il ne s'astreint pas à une intégration absolue. Il n'y trouve pas, en effet, une économie de fabrication nécessaire à la marche de son entreprise; il y recourt surtout pour obtenir des produits de choix, pour assurer à ses livraisons plus d'ordre et de régularité. C'est un tout autre point de vue. La plupart des exemples de construction mécanique intégrée à la grosse métallurgie s'expliquent par ces considérations et comportent les termes correctifs de ventes et d'achats au dehors dont nous venons de parler.

Ces termes correctifs marquent les limites de l'intégration. Là où l'équilibre n'est pas réalisable d'une façon constante entre les capacités des différentes usines intégrées, il peut bien y avoir apparence d'intégration, voire même intégration partielle, mais non pas intégration totale et absolue.

L'intégration des chantiers de construction navale et de la métallurgie est plus rare encore que celle des ateliers de construction mécanique. En premier lieu, l'équilibre entre la consommation de matières premières d'un chantier naval et la production d'un établissement métallurgique ne peut guère être maintenu en raison des spécifications souvent très différentes des navires et de l'irrégularité des commandes. Les avantages économiques de l'intégration sont donc compromis dans la mesure de ce déséquilibre. En second lieu, les chantiers sont forcément placés dans le voisinage immédiat de la mer ou des eaux maritimes, des grands fonds et des larges espaces nécessaires pour le lancement des navires. Ce serait une rencontre rare qu'ils fussent en même temps immédiatement voisins d'une grande usine métallurgique. Et, sans ce voisinage, nous le savons, les avantages techniques de l'intégration disparaissent.

Mais une forme d'intégration très atténuée comme intensité et très étendue, au contraire, comme sphère d'action, tend à se multiplier de plus en plus au cours de ces dernières années et spécialement depuis la guerre. Autant qu'on peut en juger, les avantages qu'elle offre sont plutôt d'ordre financier que d'ordre économique et nullement d'ordre technique. Dans ce cadre élargi des chantiers de construction navale trouvent place en même temps que des fabriques de locomotives, des forges et des laminoirs, des aciéries, des hauts fourneaux, des mines de fer, des houillères, des cokeries, sans compter des entreprises d'électricité, de transports terrestres et maritimes, etc. Mais ces grands *Konzern* sont plutôt des fusions financières d'industries que des phénomènes d'intégration [1].

De l'ensemble de ces faits on peut tirer les conclusions suivantes :

1º Le haut fourneau à récupération de gaz appelle auprès de lui un ou plusieurs établissements consommateurs d'énergie, depuis qu'il est devenu un producteur d'énergie dans une proportion largement supérieure à ses propres besoins.

2º Dans la plupart des cas l'intégration de l'aciérie et du laminoir, éventuellement de la mine de fer, résout le problème. Quand les circonstances ne se prêtent pas à cette combinaison, le haut fourneau cherche une utilisation quelconque de son énergie. Il l'emploie à fabriquer des briques et des ciments de laitiers, à traîner les tramways, à pomper de l'eau

1. Les Établissements Krupp réunissent :

1º *Houillères* (avec cokeries) Salzer und Neuack à Essen ; Hannover à Hordel ; Hannibal à Hordel-Eickel ;

2º *Mines de fer* nombreuses en Allemagne et participations en Espagne, région de Bilbao ;

3º *Flotte commerciale* pour le transport des minerais de Bilbao à Duisbourg ;

4º *Hauts Fourneaux* : Engers, Hermannshütte (près Neuwied), Friedrich-Alfred Hütte (à Rheinhausen-Friennersheim) ;

5º *Aciéries* à Essen, Saynernhütte, Annen.

6º *Construction mécanique* à Essen, aux Grüsonwerke, à Magdebourg, à Saynernhütte ;

7º *Chantiers navals* de Kiel.

De plus, en 1921, Krupp, estimant avoir une base charbonnière trop faible pour son importante métallurgie, passait avec la « Gewerkschaft-Constantin der Grosse », un contrat de communauté d'intérêt (*Bulletin quotidien de la Société d'Études et d'Informations économiques*, 16 janvier 1921).

minérale, à éclairer une ville, à vendre du courant.

3° L'intégration d'établissements métallurgiques voisins consommateurs de force a des avantages techniques et économiques. L'intégration d'usines éloignées n'a plus que des avantages économiques. Les grandes fusions de sociétés métallurgiques, ateliers de construction, chantiers navals, dont la capacité de production n'est pas en équilibre, ne sont avantageuses qu'à un point de vue financier et n'ont guère que l'apparence de l'intégration. Car l'intégration disparaît dans la mesure où les produits de l'une des usines sont en excès ou en défaut par rapport aux besoins de matières premières de la suivante. L'intégration se heurte à sa limite quand la variété des produits s'introduit dans la fabrication.

On peut considérer l'intégration comme nous ramenant, par un curieux retour des choses, à l'unité primitive de l'industrie. Cette unité existait pleinement quand le forgeron de la forge catalane produisait un objet d'usage en fer en partant du minerai. Elle a été rompue par toutes les découvertes successives du haut fourneau, du puddlage, des différentes fabrications de l'acier, du laminage, qui ont tendu, nous l'avons vu, à faire en grand et séparément chacune de ces opérations. Mais un effort constant s'exerce en sens contraire pour réunir dans une même main les éléments que les progrès techniques ont dispersés. Parfois même une découverte technique, nous l'avons constaté, favorise cette réunion. Et ainsi se poursuit une lutte sans relâche entre une force centrifuge et une force centripète. Les phases de cette lutte varient et donnent la victoire tantôt à la grande usine étroitement spécialisée, tantôt au groupe d'usines complémentaires fortement unies. Mais, sous une forme ou sous une autre, horizontale ou verticale, la concentration triomphe le plus souvent dans la grosse métallurgie.

CHAPITRE VI

La concentration commerciale dans la métallurgie.

1. — PLAN DE L'ÉTUDE.

Nous avons vu jusqu'ici la répercussion des condi-tions techniques de la métallurgie sur l'organisation des établissements dans lesquels se poursuivent les différentes opérations de cette industrie. Nous avons constaté successivement que, sauf quelques exceptions, et à des degrés divers, ces établissements comportent un nombreux personnel, une dépense d'énergie consi-dérable, l'emploi de gros capitaux et le recours à une direction technique savante. C'est une première forme de la concentration industrielle. Nous en avons étudié une seconde avec l'intégration, qui unit souvent ensemble plusieurs de ces grandes unités.

Ces deux formes de la concentration industrielle ont un caractère commun. Elles s'étendent à tous les éléments des usines qu'elles atteignent. Une batterie de hauts fourneaux, ou une aciérie ou un laminoir, ou un atelier de construction mécanique, quelle que soit leur importance, sont soumis à une même direction technique, administrative, commerciale, financière. Une firme ou une société en sont maîtres à tous points de vue. Et il en est de même si deux ou plusieurs d'entre eux sont intégrés. A partir de leur fusion, ils dépendent à tous égards de la même autorité.

La concentration commerciale [1] a un champ d'action à la fois plus vaste et plus restreint selon l'aspect sous lequel on l'envisage.

Il est plus vaste, parce qu'il s'étend à toute une région industrielle, souvent à une industrie nationale tout entière, parfois à la même industrie dans plusieurs nations. Les ententes internationales se rencontrent, en effet, assez souvent.

Mais, d'autre part, il est plus restreint. La concentration commerciale ne s'applique généralement qu'à une branche de fabrication, à un produit étroitement déterminé : fontes, aciers, tôles, rails, poutrelles, etc. De plus, elle n'a en vue que la question commerciale, la vente du produit. Elle n'intervient ni au point de vue technique, ni au point de vue administratif, ni au point de vue financier, chacun des producteurs qui se tiennent par une entente conservant la pleine liberté d'employer les procédés de fabrication qu'il juge le plus convenables, d'organiser son affaire

1. V. la définition tome I, Introduction.

comme il l'entend, de la financer suivant sa propre conception et le crédit dont il dispose.

Dans l'examen des phénomènes de concentration commerciale, nous n'étudierons pas d'une façon détaillée le fonctionnement intérieur très complexe des ententes, des cartells, des syndicats et des comptoirs métallurgiques. Nous n'en retiendrons que ce qu'il faudra pour caractériser la nature et l'objet de leur activité. Ce qui nous importe, c'est de déterminer, en premier lieu, pour quelles causes ces organismes prennent naissance, se maintiennent ou disparaissent dans l'industrie métallurgique et, en second lieu, quelles conséquences en résultent pour cette industrie. Notre but est de connaître les répercussions passives et actives de ce phénomène; de savoir pourquoi la concentration commerciale se manifeste, sous telle forme, dans tel compartiment métallurgique, et comment ce compartiment en est affecté.

La recherche des causes de la concentration commerciale va nous orienter vers un ordre de faits différent de celui que nous avons examiné dans les chapitres précédents. Ce sont, en effet, les conditions économiques, plutôt que les progrès techniques, qui influent sur les combinaisons diverses tendant à la vente des produits. Et ce sont, au contraire, nous l'avons vu, les progrès techniques qui donnent la clef des phénomènes de concentration industrielle.

C'est pourquoi, ainsi que nous l'avons fait au sujet de l'industrie houillère, il nous faut présenter aujour-

d'hui nos observations par pays, par unités économiques séparées, au lieu de les grouper par industrie
et de les faire porter indifféremment sur tel ou tel
pays, comme dans l'étude des conditions techniques.

En effet, nous le rappelons ici, les conditions techniques se retrouvent les mêmes dans tous les pays
industriels en ce sens qu'elles peuvent y jouer de la
même manière. Le procédé basique Thomas donnerait
les mêmes résultats en quelque lieu du monde qu'on
l'applique. De même, le procédé Martin par dilution
ou par oxydation, ou toute autre découverte du même
genre. Mais, par le fait des conditions économiques,
parce qu'il y a beaucoup de minerais phosphoreux en
Lorraine, par exemple, on y fera une application plus
fréquente que dans d'autres régions du procédé basique
et les aciers Thomas auront là un marché important.
C'est un problème d'ordre régional de les écouler, d'en
organiser la vente. Et voilà comment la considération
des faits d'ordre économique nous amène à prendre
pour base l'étude d'une région déterminée, la plupart
du temps d'une unité nationale ou douanière.

Les conditions économiques varient d'une manière
si sensible d'une région à l'autre que ce changement
de cadre s'impose absolument.

Elles varient, suivant les frontières économiques
réelles, entre des pays faisant partie du même territoire national. Elles ne sont pas les mêmes dans le
Nord de la France bien pourvu de houille et dans
l'Ouest qui en manque; dans la Lorraine si riche en

minerai de fer et dans le Midi qui n'en possède que de faibles gisements. Elles diffèrent, en Allemagne, de la Westphalie industrielle à la Poméranie ou au Brandebourg; elles diffèrent même entre des régions industrielles telles que la Saxe, la Silésie ou l'État de Hambourg. Sur l'immense superficie des États-Unis, les contrastes sont plus sensibles encore entre la Pensylvanie à la métallurgie puissante, la Louisiane ou la Californie.

Les conditions économiques varient aussi d'une région à l'autre suivant la facilité, la rapidité, l'importance et le prix des moyens de communication qui les unissent; suivant les relations établies par chemin de fer, par fleuves et par canaux; suivant la proximité de la mer et l'activité des transports maritimes.

Elles varient enfin suivant les frontières politiques et douanières. Il y a là un élément artificiel, ne résultant pas du libre jeu des forces économiques, mais réel cependant et dont nous sommes bien obligés de tenir compte. Si aucune douane n'existait dans le monde, si le libre-échange régnait d'une façon absolue, la physionomie des phénomènes que nous étudions serait profondément modifiée. Il n'y aurait plus qu'un seul vaste marché mondial, avec cette réserve toutefois que certains produits lourds ne pourraient pas être distribués sur toute la surface du globe; la distance et le poids joueraient seuls pour maintenir la distinction des marchés et tout progrès dans les transports tendrait à diminuer leur influence. Mais cette unification économique absolue supposerait une unification politique correspondante ou, tout au moins, la paix universelle assurée d'une manière effective. Chaque État constitué défend, en effet, sa richesse nationale et son indépendance par les moyens qu'il juge les meilleurs, sans que, jusqu'ici, aucun contrôle supérieur reconnu et respecté puisse imposer à tous une discipline commune.

En ce qui concerne spécialement la métallurgie, les différents États tiennent d'autant plus à lui constituer un marché national distinct qu'elle présente plus d'intérêt en temps de guerre. Elle est devenue réellement un élément de la défense nationale. L'industrie qui fournit l'artillerie, les munitions, les éléments de transports par chemins de fer et automobiles, par avions, par navires et bateaux, doit, pour la sécurité même du pays, être en mesure de suffire normalement à un effort prolongé. Et comme les improvisations ne sont guère possibles en cette matière, comme elles présentent, en tous cas, un caractère singulièrement hasardeux, le meilleur moyen d'obtenir ce résultat en temps de guerre est d'assurer son développement en temps de paix. La guerre récente a fourni à cet égard des renseignements assez clairs. La métallurgie allemande y a joué un rôle considérable, rôle prévu, escompté, calculé depuis longtemps; la métallurgie anglaise et la métallurgie française ont pu unir utilement leurs efforts et se répartir une lourde tâche, dans la mesure même de leur puissance d'avant guerre. Et si les États-Unis n'avaient pas représenté la moitié de la métallurgie mondiale, leur entrée dans la guerre n'aurait pas été si efficace. Ils n'auraient pu ni fournir à leurs alliés l'acier qui leur faisait défaut, ni susciter par un prodigieux effort une flotte commerciale nouvelle pour remplacer les pertes infligées par Tirpitz et assurer la communication entre l'Ancien et le Nouveau-Monde.

Nous aurons donc à tenir compte de la séparation artificielle des marchés métallurgiques nationaux pour connaître les conditions spéciales à chacun d'eux, sans préjudice des distinctions régionales qui s'imposeront parfois sur un même territoire national.

Et, avant de procéder à cette enquête, il nous faut situer, en quelque sorte, chacun de ces marchés nationaux en examinant, par un coup d'œil d'ensemble, la production métallurgique dans le monde, en voyant comment elle se répartit et quelle est, par suite, l'importance relative des différents marchés que nous devrons ensuite observer séparément.

2. — LA PRODUCTION MÉTALLURGIQUE DANS LE MONDE AVANT LA GUERRE.

La question est beaucoup plus complexe pour la métallurgie que pour la houille. En effet, la houille ne se présente que sous deux formes, la houille crue et le coke. Et on connaît la proportion qui existe entre chacune d'elles. Quand il s'agit, au contraire, d'évaluer la production métallurgique, on se trouve en face d'une multitude de produits divers : fontes brutes, fontes moulées, aciers, produits de laminoirs, machines et outils de toutes sortes, locomotives, navires, etc.

Pour établir la situation générale que nous cherchons à préciser, nous ne nous occuperons que des éléments premiers de toute fabrication métallurgique, le minerai, la fonte et l'acier, sans nous demander, pour le moment, quelles transformations ces matières subissent dans chaque pays.

Nous nous placerons d'abord avant la guerre, afin de raisonner sur des chiffres afférents à une période normale, afin aussi de mesurer la poussée métallurgique continue qui s'est produite pendant un demi-siècle. Nous examinerons ensuite les bouleversements résultant de la guerre et des suites de la guerre.

En 1913, la production métallurgique mondiale s'établissait ainsi, en millions de tonnes :

	Minerai.	*Fonte.*	*Acier.*
États-Unis	62,9	31,4	31,8
Allemagne	28,6	16,7	17,6
France.	21,7	5,3	4,6
Grande-Bretagne . . .	16,2	10,4	.7,7
Espagne	9,8	0,4	0,3
Russie.	8,2	3,8	4,2
Suède	7,4	0,7	0,5
Luxembourg	7,3	2,5	1,3
Autriche-Hongrie. . .	5	2,2	2,5
Belgique	0,1	2,5	2,4
Autres Pays	5,5	2,5	2,5
Total.	172,7	78,4	75,4[1]

1. V. *Bulletin du Comité des Forges*, n° 3302.

Si on compare les chiffres globaux de la production métallurgique de 1913 avec ceux des années précédentes, on se rend compte de l'intensité de sa progression. C'est le résultat combiné des découvertes techniques que nous avons indiquées plus haut et du développement économique général au cours de cette période.

Le minerai de fer a vu sa production passer du simple au quintuple en quarante-trois ans. C'est une première expression de la poussée métallurgique. C'est, d'ailleurs, la moins élevée, car on n'a pas seulement extrait plus de minerai qu'auparavant, mais on en a fait un meilleur usage, on en a tiré un meilleur rendement. Les chiffres suivants donnent la progression par périodes décennales :

Production mondiale du minerai de fer.
(Millions de tonnes.)

1871	30,6
1881	45
1891	55
1901	85
1911	143
1913	172,7

La guerre, on le voit, est survenue au moment d'un essor particulièrement marqué de la production minière. La comparaison des chiffres de 1911 et de 1913 le prouve. Il faut, toutefois, faire observer que 1911 avait été en retard sur 1910 en raison d'une baisse très sensible de l'activité métallurgique aux

États-Unis. La production globale de minerais de fer avait atteint 155 millions de tonnes dès 1910.

L'augmentation de la production mondiale de fonte, au cours de la période de quarante-trois ans considérée, est plus marquée encore. Elle est du simple au sextuple, alors qu'elle n'était que du simple au quintuple pour le minerai de fer. Nous avons indiqué la raison de cette différence. Il faut ajouter cependant que l'écart relevé ne mesure pas exactement le résultat des progrès réalisés. On utilise, en effet, aujourd'hui, dans bien des cas, des minerais de faible teneur en fer, soit parce qu'ils contiennent de la chaux ou de la silice et font ainsi, dans le haut fourneau, l'office de fondants; soit parce qu'ils sont faciles à exploiter et à transporter. L'emploi de ces minerais fait tout naturellement baisser, toutes choses égales d'ailleurs, le rapport du minerai à la fonte.

Voici la progression de la production de fonte par périodes décennales :

Production mondiale de fonte.
(Millions de tonnes.)

1871.	12,8
1881.	19
1891.	26
1901.	41
1911.	64
1913.	78,5

C'est une seconde expression, un second témoignage de la poussée métallurgique. Il y a lieu de noter que cette poussée est due principalement, depuis la fin du siècle dernier, à l'Allemagne et aux États-Unis, qui avaient presque triplé leur production de fonte en dix-sept ans, comme le montre le tableau suivant :

Production de fonte (en millions de tonnes).

	Allemagne.	États-Unis.	Total.
1897	6,8	9,8	16,6
1913	16,7	31,4	48,1

Les statistiques concernant la production du fer et de l'acier sur une longue période sont assez difficiles à établir exactement, la distinction entre les deux genres de métaux prêtant parfois à confusion, le fer étant compris aujourd'hui le plus souvent dans la production de l'acier, mais ne l'étant pas uniformément et, en tous cas, ne l'ayant pas été à la même époque dans tous les pays. Sous cette réserve, voici les chiffres donnés par l'*Annuaire statistique de la France* [1] pour la période de trente-trois ans s'étendant de 1881 à 1913.

Production mondiale de fer et d'acier
(en milions de tonnes).

1881.	11
1891.	16
1901.	35
1911.	57
1913.	72

1. *Annuaire* de 1918, p. 241.

Ici le rythme de la progression est beaucoup plus rapide et nous arrivons à une troisième expression de la poussée métallurgique sensiblement plus intense que les deux premières, puisque la production est presque sextuplée, non plus en quarante-trois ans, mais en trente-trois ans seulement. Rien de surprenant à cela, car si le minerai a été mieux utilisé pour la production de la fonte, la transformation de la fonte en acier a été l'objet de progrès plus notables encore. Notons aussi que, dans les deux procédés Martin (par oxydation et par dilution), le fait de traiter la fonte dans le four à réverbère avec addition, soit de minerai, soit de riblons, tend à élever le rapport de la quantité d'acier obtenu, par rapport au tonnage de fonte employé.

Quoi qu'il en soit, les trois expressions de la poussée métallurgique que nous avons relevées donnent une idée de l'essor rapide et continu de la métallurgie entre la guerre de 1870 et celle de 1914. C'est une période de développement intense et continu, sauf l'effet des crises économiques qui sont venues, de temps à autre, interrompre le mouvement ascensionnel de la courbe, sans en modifier profondément la ligne générale.

Si nous nous plaçons maintenant à la veille de la guerre, en 1913, la distribution de la production métallurgique est la suivante :

PRODUCTION MÉTALLURGIQUE AVANT LA GUERRE (1913)
(en milliers de tonnes).

	Minerai.	Fonte.	Acier.
1. États-Unis	62 972	31 460	31 802
2. Allemagne	28 608	16 761	17 614
3. France.	21 714	5 311	4 635
4. Grande-Bretagne .	16 253	10 424	7 787
5. Espagne	9 862	425	365
6. Russie.	8 209	3 801	4 224
7. Suède	7 476	730	591
8. Luxembourg . . .	7 333	2 548	1 336
9. Autriche-Hongrie .	5 098	2 283	2 578
10. Belgique	150	2 527	2 466
Total	172 769	78 406	75 443

(d'après le *Bulletin du Comité des Forges* n° 3 302).

Le tableau de la production mondiale en 1913 nous fournit une sorte de classement par importance des différents pays possédant des établissements métallurgiques. Les États-Unis tiennent de beaucoup la tête. Joints à l'Allemagne, ils font les deux tiers de la production d'acier du monde entier à cette époque. Les Allemands avaient certainement médité sur cette proportion avant de déclarer la guerre en 1914. L'Angleterre occupe le troisième rang au point de vue de la fonte; elle est descendue au quatrième, après la France, au point de vue du minerai. La Russie serre de près la France pour la production de l'acier.

Mais le tableau fournit, en outre, d'intéressantes indications sur le déséquilibre métallurgique présenté par certains pays. C'est d'abord l'Espagne, qui extrait près de dix millions de tonnes de minerai et dont les hauts fourneaux et les aciéries s'inscrivent pour un tonnage négligeable. L'absence de houille, l'absence aussi d'esprit d'entreprise expliquent ce résultat. Phénomène analogue en Suède, où la production de minerai de fer égale presque celle de la Russie, alors que le tonnage d'acier produit est huit fois moins fort. Là encore, l'absence de houille est responsable; peut-être aussi l'absence d'un marché national important de consommation. En Angleterre, au contraire, la quantité de minerais extraite est très insuffisante pour la production des hauts fourneaux, alors qu'en France elle dépasse assez sensiblement la capacité de nos usines métallurgiques. Les deux pays le mieux équilibrés à la veille de la guerre sont les États-Unis et l'Allemagne, bien qu'ils fassent appel, pour une fraction, au minerai étranger. Nous avons vu que ce sont aussi les plus puissants à cette époque.

Cette situation a été profondément bouleversée par la guerre.

3. — LES CONSÉQUENCES DE LA GUERRE.

C'est surtout en ce qui concerne la situation respective de la France et de l'Allemagne que les modifications apportées par la guerre ont été importantes.

La capacité de production des gisements de minerai

de fer en territoire français a doublé par la rétrocession à la France des parties de la Lorraine qui lui avaient été enlevées en 1871. En effet, les mines de fer de la Lorraine annexée avaient produit en 1913 un tonnage de plus de 21 millions (21 136 900 tonnes), alors que nos mines françaises avaient donné 21 700 000 tonnes. Il semble que de ce fait, automatiquement, la France devienne la première productrice de minerai de fer de l'Europe, la seconde du monde. Jusqu'ici, comme nous allons le voir, nous sommes loin d'avoir extrait les 42 millions de tonnes que représente la capacité théorique des gisements français. C'est que l'avantage d'un minerai de fer abondant n'est effectif que dans la mesure où l'on dispose d'une quantité de coke suffisante pour le traiter. A lui seul, il n'assure pas la supériorité métallurgique. Le minerai de fer est bien l'élément essentiel de toute métallurgie; mais il ne joue pas le rôle prépondérant dans le prix de revient des fontes. On estime généralement qu'il n'entre que pour 15 p. 100 dans ce prix, alors que le coke y figure pour 50 p. 100.

Cette affirmation n'est aucunement contradictoire, d'ailleurs, avec celle que nous avons indiquée plus haut[1], d'après laquelle le haut fourneau moderne a une tendance à se rapprocher du minerai, parce que le minerai entre dans la composition du lit de fusion pour un tonnage double ou triple de celui du

1. V. p. 39.

coke. C'est un autre aspect du problème. Au point de vue du poids, et par conséquent, au point de vue du transport, le minerai tient la première place. Au point de vue du prix de la matière employée, il passe à la seconde, avec un écart marqué. Dans l'hypothèse théorique d'un libre-échange absolu, on n'imagine pas la possibilité de se voir refuser un élément de production. Mais dans la réalité des faits, un concurrent peut refuser de vendre du coke à la France, surtout si, d'autre part, ce concurrent peut se procurer ailleurs, dans des conditions acceptables, le minerai qu'il détient en quantité insuffisante. L'Allemagne ne produit plus que 6 à 7 millions de tonnes de minerai de fer environ; mais elle se procure des minerais étrangers et elle s'efforce de mettre la main sur des gisements même très éloignés, au Brésil par exemple [1], pour combler cette lacune et maintenir au plus haut point possible sa production métallurgique.

Bien plus, l'Allemagne, obligée par le traité de Versailles à livrer à la France des quantités annuelles déterminées de charbons de réparation et de coke, a longtemps réussi à ne faire ces livraisons que partiellement. S'il en est ainsi sous un régime de contrainte imposé à un agresseur vaincu, il n'est pas possible de penser que la France trouve en temps normal, dans l'abondance de son minerai de fer, une monnaie d'échange efficace pour obtenir le coke alle-

---

1. *Bulletin du Comité des Forges*, n° 3 668, p. 21.

mand. Nous aurons à revenir sur ce problème quand nous étudierons le marché métallurgique français d'après guerre. Mais il convenait de le signaler dès à présent, pour éviter de tomber dans cette erreur que le retour de nos provinces perdues a fait passer la France au premier rang de l'industrie métallurgique européenne, sans qu'il y ait rien à faire pour nous assurer l'utilisation de nos richesses minières.

Disons tout de suite que toute combinaison tendant à mettre du même côté de la frontière le minerai et le coke doit être écartée. La combinaison allemande, envisagée, prévue, décidée dès le début de la guerre, consistait à s'emparer de toute la Lorraine. Elle a échoué. La seule autre solution possible serait de mettre entre les mains de la France, non seulement le bassin de la Ruhr, mais toute la région rhénane-westphalienne. Elle n'est ni réalisable, ni souhaitable. Mais on peut imaginer des livraisons de coke allemand garanties d'une manière effective, entrant en compte dans le paiement des réparations en dépit de tout bouleversement monétaire.

La production de la fonte peut donner lieu à la même erreur que la production du minerai. Si on ajoute à notre production française de 1913, soit 5 300 000 tonnes, les 5 241 000 tonnes des hauts fourneaux de la Lorraine annexée et du bassin de la Sarre, on obtient un total de plus du double.

Et il en est ainsi pour l'acier. La Lorraine et la Sarre avaient donné en 1913 environ 4 millions et demi de tonnes d'acier brut (4 502 000) contre les 4 600 000 tonnes de notre territoire français à cette époque, soit encore un doublement de production.

Mais, en réalité, le tonnage de minerai, de fonte et d'acier produit en France dans les années qui ont suivi l'exécution du traité, jusque et y compris l'année 1922, a été inférieur au tonnage correspondant des années d'avant guerre, comme l'indique le tableau suivant :

Production française avant et depuis la guerre.
(En millions de tonnes [1].)

	1913	1920	1921	1922
Minerai de fer .	21			14,9
Fonte	5,3	3,4	3,4	4,9
Acier	4,6		3	4,3

Ces résultats sont dus à un ensemble de causes au premier rang desquelles il convient de signaler la crise générale subie dans le monde par la métallurgie. Les chiffres ci-dessous permettent d'en mesurer l'intensité.

Production de fonte avant et après la guerre.
(En millions de tonnes.)

	1913	1920	1921	1922
États-Unis	30,6	36,4	16,5	26,5
Allemagne	19	5,5	6	6,5
France.	5,1	3,3	3,3	4,9
Grande-Bretagne .	10,2	8	2,6	4,8
Belgique	2,4	1,1	0,8	1,5
Production totale .	76,5	58,8	34,7	49,7 [1]

1. Chiffres donnés par l'*Iron Trades Review*, en *long tons* de 1 016 kilogrammes.

Production d'acier avant et après la guerre.
(En millions de tonnes.)

	1913	1920	1921	1922
États-Unis	31,3	42,1	19,7	33,7
Allemagne	18,6	6,6	8,7	9
France.	4,6	3	3	4,3
Grande-Bretagne .	7,6	9	3,6	5,8
Production totale .	74,6	67,1	41,8	61 [1]

Le fait le plus saillant est la profonde dépression marquée par l'année 1921. En mettant à part l'Allemagne, dont ses diminutions de territoire ont réduit la capacité d'avant guerre, les États-Unis dépassent faiblement cette année-là la moitié de leur tonnage d'acier de 1913 et la Grande-Bretagne n'en fait guère plus du quart. Il faut remonter à plus de vingt ans en arrière, au siècle dernier, pour trouver un chiffre aussi bas.

Cette crise de 1921, dont on se relève lentement, tient à une foule de causes que nous ne pouvons pas analyser en détail, mais qu'il faut tout au moins indiquer. Elles remontent toutes à la grande guerre et aux événements qui l'ont accompagnée. Pendant plus de quatre ans, des richesses ont été détruites en quantité considérable et le monde s'est appauvri d'autant, de sorte que le pouvoir d'achat réel de la clientèle a diminué, malgré les chiffres élevés qu'inscrivent les statistiques grâce à la dépréciation de la

1. Chiffres donnés par l'*Iron Trades Review*, en *long tons* de 1 016 kilogrammes.

plupart des signes monétaires et au coût plus élevé de la main-d'œuvre qui fait hausser le prix des choses. De plus, la désorganisation profonde de tous les éléments de production en Russie a fait de ce grand pays, autrefois exportateur de blé, de matières premières textiles, de produits métallurgiques, etc., une contrée vivant sur ses réserves, décimée par la famine et par toutes sortes de calamités. C'est un élément de production qui a presque disparu pour le moment. En dehors de ces causes, dont l'effet sera malheureusement prolongé, il en est d'autres qui ont un caractère plus passager; par exemple, l'arrêt de certaines industries clientes de la métallurgie, telles que la construction navale atteinte par la dépression des frets, la fabrication des armes de guerre; enfin le malaise grave qui pèse sur le monde entier par suite de l'incertitude du règlement des réparations et des dettes interalliées.

Si nous considérons la France seule, la faiblesse de sa production métallurgique, malgré l'apport des mines et des hauts fourneaux de la Lorraine annexée, s'explique par une autre raison. Sous le régime allemand, la Lorraine annexée avait été développée au point de vue métallurgique en tenant compte de l'état du marché allemand. Nous constaterons, quand nous étudierons ce marché dans la période d'avant guerre, qu'elle était la région exportatrice. Mieux placée géographiquement que la Westphalie, et surtout que la Silésie, pour atteindre les marchés éloignés, elle avait été en quelque sorte spécialisée dans ce rôle.

Elle exportait de la fonte depuis ces dernières années et luttait avantageusement contre l'Angleterre, autrefois seule exportatrice de fonte.

Nous avons vu comment certains de ses hauts fourneaux, construits surtout en vue de fournir, par la récupération des gaz, de la force motrice à des entreprises de transports publics ou à des usines, de la lumière à des villes ou à des particuliers, considéraient leur fonte comme un sous-produit et s'en débarrassaient par la vente en dehors des frontières. Ainsi, ces hauts fourneaux lorrains jouaient un rôle qui se combinait harmonieusement avec l'activité métallurgique de l'Empire, parce qu'ils avaient été créés dans le cadre de cette activité. Sur le marché français, ce rôle ne saurait être exactement le même; les données du problème économique se trouvent complètement changées; il faut une réadaptation aux conditions nouvelles et cette réadaptation ne peut pas se réaliser sans un certain délai.

Il y a donc, à côté de la pénurie de coke dont nous avons parlé plus haut, une autre difficulté pour exploiter ces hauts fourneaux à pleine capacité. Ils font aujourd'hui partie d'un ensemble pour lequel ils n'ont pas été conçus et leur production s'en trouve influencée défavorablement.

Même observation en ce qui concerne l'acier. La Lorraine annexée fournissait avant la guerre 35 à 40 p. 100 des produits métallurgiques que le *Stahlwerksverband* livrait à l'exportation. Elle n'exportait donc pas seulement de la fonte, mais des blooms, des rails, des poutrelles, des aciers marchands. Là encore, les usines lorraines avaient pour but et pour mission de fournir aux établissements métallurgiques westphaliens et rhénans des demi-produits d'un prix peu élevé, l'excédent des besoins de ces usines de transformation devant être exporté. Le caractère dépendant des aciéries lorraines, leur union intime avec l'ensemble de la métallurgie allemande était donc incontestable. Unies aujourd'hui au marché français, elles ont à chercher une orientation nouvelle.

Nous devons, tout au moins, tirer de ce fait la leçon qu'il comporte. Laissant aux métallurgistes français le soin de réorganiser le marché national sur les bases nouvelles qui assureront la vie de leur industrie, il nous faut retenir que l'existence et la distinction des marchés nationaux séparés, sous le régime douanier actuel, correspond bien à une réalité économique. Une région appartenant à un territoire douanier déterminé venant à être détachée de ce territoire pour être jointe à un autre, ne continue pas simplement à fabriquer comme elle faisait auparavant. Son problème technique demeure le même; son problème économique peut être tout autre, tant au point de vue de l'achat de ses matières premières qu'à celui de la vente de ses produits.

Cette observation va bien au delà du cas spécial de l'ancienne Lorraine annexée. Elle s'applique aux parties de la Silésie détachées de l'ancien Empire allemand, aux régions métallurgiques de l'ancienne Autriche-Hongrie distribuées de diverses manières entre des États nouveaux. Il faut toujours en tenir compte quand on compare des statistiques d'avant guerre et d'après guerre. Même quand on a le soin d'isoler les régions économiques pour procéder à cette comparaison, on s'expose à établir des rapports entre des chiffres s'appliquant bien aux mêmes entités, mais déterminés par des situations profondément modifiées.

Sous le bénéfice de ces remarques préliminaires, nous allons entreprendre maintenant l'examen des principaux marchés métallurgiques du monde, en distinguant la période d'avant guerre de celle de la guerre et de l'après-guerre et en relevant pour chacun de ces marchés les phénomènes de concentration commerciale qui s'y sont manifestés ou les raisons pour lesquelles ils ne jouent qu'un rôle négligeable ou secondaire.

CHAPITRE VII

Le marché métallurgique anglais.

Nous savons déjà que la Grande-Bretagne n'occupe
plus que le troisième ou le quatrième rang au point
de vue de la production métallurgique. Cependant,
malgré la très vive concurrence qu'elle subit, elle est
parvenue à conserver jusqu'ici un rang plus élevé
dans l'exportation des produits métallurgiques, et
cela d'autant plus que l'on s'approche davantage
du produit fini. C'est bien là le caractère dominant
de sa métallurgie. Nous allons voir comment il se
traduit à chaque stade de l'industrie et pour quelles
raisons.

1. — L'EXPORTATION MÉTALLURGIQUE ANGLAISE ET SES CAUSES.

Si nous considérons d'abord le minerai de fer, loin
d'exporter, la Grande-Bretagne a une production nettement déficitaire. Et cette production a de la peine

à se maintenir au même niveau. Elle est en décroissance, comme le montrent les chiffres ci-dessous :

Production de minerai de fer en Grande-Bretagne[1].
(Millions de tonnes.)

1906	15,5
1913	16
1914	14,8
1918	14,2
1921	3,4
1922	11

Il est à noter que tous les gisements exploités se
trouvent presque uniquement sur le territoire de
l'Angleterre proprement dite, l'Écosse et l'Irlande
réunies ne faisant pas 5 p. 100 de la production totale.
Voici d'ailleurs leur répartition géographique, avec
l'indication de leur importance proportionnelle.

	Cleveland (Middlesborough)	39 p. 100
	Northamptonshire	18,5 —
Angleterre.	Lincolnshire	13,9 —
	Cumberland et Lancashire	11 —
	Staffordshire	6 —
	Autres districts	6,8 —
Écosse		4,4 —
Irlande		0,4 —
		100 [2]

Là-dessus, trois districts importants, celui du Cleveland, celui du Lincolnshire et celui du Cumberland

1. *Bulletin du Comité des Forges*, nᵒˢ 3 425, 3 507, 3 647 et 3 715.
2. V. *Circulaire du Comité des Forges*, série générale, nᵒ 532, p. 8.

et du Lancashire, représentant ensemble 64 p. 100 de la production, sont situés au bord de la mer. C'est une circonstance à retenir. Elle a eu, en effet, sur l'allure du marché britannique de la métallurgie, une répercussion marquée. On se souvient de la merveilleuse répartition des gisements houillers en Angleterre, tous placés, en dehors du groupe des Midlands, à proximité de la mer et desservis par un ou plusieurs ports [1]. Nous avons montré comment l'exportation considérable du charbon anglais et son extraordinaire diffusion dans le monde s'expliquaient en grande partie par ce fait. Mais voici un autre résultat. Les hauts fourneaux vont tout naturellement s'établir de préférence dans ces régions favorisées où se rencontrent à peu de distance l'un de l'autre, d'une part le minerai de fer, d'autre part, la houille à coke. Et, par suite, ils se trouveront merveilleusement placés pour exporter ces produits lourds que sont la fonte et ses dérivés. Nous nous en rendrons compte en étudiant l'allure du marché britannique de la fonte, de l'acier, etc. Remarquons dès à présent qu'ils seront bien placés aussi pour recevoir par mer, c'est-à-dire dans les conditions les moins coûteuses, le minerai de fer que le sous-sol de l'Angleterre leur fournit d'une façon trop avare. Ainsi s'explique la distribution géographique des hauts fourneaux anglais, dont plus de la moitié, environ 60 p. 100, sont placés près de la mer.

1. V. T. I., *L'industrie houillère*, Ch. III.

*Distribution géographique des hauts fourneaux
en Grande-Bretagne (fin 1921).*

	Écosse	102
	Durham et Northumberland	15
Près de la mer.	Cleveland (Middlesborough)	74
	Lincolnshire	25
	Cumberland	31
	Pays de Galles	39
		286
Dans l'intérieur des terres.		214
Total		500 [1]

Dans ces conditions, la métallurgie britannique
peut se procurer sans difficulté, même en les demandant
à des gisements éloignés, les minerais de fer dont elle
a besoin. Avant la guerre, elle en importait annuellement de 6 à 7 millions de tonnes, dont la plus grande
partie, 4 millions environ, provenaient de l'Espagne
(Bilbao). Un million de tonnes étaient d'origine algé-
rienne ou tunisienne; 600 000 à 700 000 tonnes venaient
de Suède et de Norvège, principalement de Danne-
mora; enfin 200 000 à 300 000 tonnes venaient de
nos gisements métropolitains d'Anjou et de Normandie.

Pendant la période de guerre, l'importation anglaise
des minerais de fer s'est maintenue sensiblement au
même niveau. Nous trouvons :

6 197 155 tonnes en 1915
6 905 936 — 1916
6 054 594 — 1917
6 458 122 — 1918.

1. Il ne faut pas perdre de vue que les hauts fourneaux considérés
comme situés dans l'intérieur des terres ne sont jamais à plus de
100 kilomètres de la mer.

Quand on réfléchit à l'extrême difficulté et au prix très élevé des transports maritimes à cette époque, on conclut que si la production britannique de minerai de fer avait pu être accrue, les Anglais n'auraient pas recouru au gros effort que représentent ces chiffres. C'est donc bien la marque de l'insuffisance certaine des gisements anglais. C'est aussi une des nombreuses manifestations de la puissance maritime de l'Angleterre, maîtresse des transports de marchandises lourdes, même et surtout au cours de cette période exceptionnelle. Aucune autre nation n'aurait pu s'assurer à ce moment ce gros approvisionnement de matières premières pour une seule de ses industries. C'est enfin un résultat de la puissance houillère de l'Angleterre, maîtresse du charbon, s'en faisant une monnaie d'échange pour obtenir ce dont elle avait besoin et ne livrant du charbon aux navires battant pavillon allié que si ces navires lui apportaient du minerai. Et, comme ces livraisons de charbon se trouvaient encore subordonnées à la pratique de certains taux de frets taxés, les frets de charbon sur l'Europe étaient fixés à un prix élevé, mais les frets de minerai sur l'Angleterre devaient au contraire être beaucoup plus modérés. De cette façon, le métallurgiste anglais payait son minerai relativement bon marché, sauf au consommateur européen de charbon anglais à payer ce charbon plus cher.

Depuis la guerre, l'importation de minerai de fer en Angleterre a subi le fâcheux contre-coup de la crise métallurgique de 1921. Alors qu'en 1920 cette importation s'était maintenue sensiblement aux chiffres d'avant guerre et avait atteint 6 499 551 tonnes, elle tombe brusquement en 1921 à 1 887 574 et se relève lentement en 1922 avec un total de 3 472 645 [1]. On ne peut pas tirer de conclusions de ces chiffres exceptionnels dont nous avons indiqué déjà les causes temporaires.

Si nous passons à l'étude du marché de la fonte, nous devons remarquer tout d'abord que la production avait dans la période d'avant guerre, un caractère stationnaire en Grande-Bretagne, alors qu'elle augmentait rapidement aux États-Unis, en Allemagne, en France, en Russie, etc. En millions de tonnes, cette production s'exprimait par les chiffres de 9,6 en 1905, 9,5 en 1910, 10,2 en 1913 [2].

Malgré cela, l'Angleterre conservait encore avant la guerre une situation prépondérante, quoique très menacée, dans l'exportation de la fonte. Grâce à la situation favorable de ses hauts fourneaux, elle pouvait distribuer sur une très large zone les excédents de sa production. C'était le dernier témoignage d'une ancienne suprématie remontant aux beaux temps de l'ère victorienne. Vers le milieu du siècle dernier, en effet, l'Angleterre était de beaucoup le premier pays métallurgique. Pendant longtemps, alors même que de nouveau-venus parmi les producteurs l'attei-

---

1. V. *Bulletin du Comité des Forges*, nᵒˢ 3 647, 3 693 et 3 715.
2. V. *Circulaire du Comité des Forges*, série générale, nᵒ 656.

gnaient et parvenaient à la dépasser, elle est demeurée la grande exportatrice de la métallurgie. En ce qui concerne la fonte, elle détenait le monopole de l'exportation. On disait couramment, il y a un demi-siècle, on répétait encore, il y a vingt ans, que le comté de Cleveland et, en particulier, la région de Middlesborough, au sud de Newcastle et au nord de Hull, était le lieu du monde où la fonte pouvait être produite avec le prix de revient le plus faible et distribuée dans les conditions les plus favorables. En 1891, l'Angleterre exportait encore 69 p. 100 de la fonte exportée dans le monde (837 000 tonnes sur 1 213 000). En 1900, la proportion était presque la même, 68 p. 100, mais avec des quantités sensiblement plus fortes (1 428 000 tonnes sur 2 095 000)[1]. En 1911, elle n'atteint plus 50 p. 100 (1 203 000 tonnes sur 2 477 tonnes). Enfin, en 1913, l'Angleterre était presque égalée par l'Allemagne. Elle exportait 1 124 815 tonnes de fonte contre 782 911 tonnes exportées par les hauts fourneaux de Lorraine; mais ceux-ci avaient inscrit l'année d'avant le chiffre de 1 016 261 tonnes, alors que les États-Unis avaient vendu à l'extérieur 272 676 tonnes. L'Angleterre voyait donc à la fois sa proportion diminuer et un redoutable rival se dresser devant elle[1].

Pendant la guerre, malgré de vigoureux efforts, la production métallurgique de l'Angleterre n'a jamais

---

1. *Bulletin du Comité des Forges.*

atteint les dix millions de tonnes de fonte de 1913. Elle se maintient aux environs de neuf millions de tonnes [1].

Puis, à la suite de la guerre, surviennent les agitations aboutissant à des grèves, à une diminution sensible de la journée de travail. Les années 1919 et 1920 n'inscrivent plus respectivement que 7,3 et 8 millions de tonnes. La crise de 1921 réduit le tonnage au chiffre de 1850 environ (2 611 400 tonnes), l'année 1922 ne le ramène pas même à 5 millions de tonnes (4 865 000).

Naturellement, l'exportation des fontes se ressent de cette baisse de production. Il faut que les conditions favorables indiquées plus haut soient bien puissantes pour qu'en 1920, les métallurgistes anglais puissent expédier au dehors 579 509 tonnes de fontes. Mais en 1921, ô honte! l'Angleterre importe plus de fonte qu'elle n'en exporte (681 955 contre 545 957) [2]. Dès 1922, le mouvement d'exportation reprend et aboutit à un tonnage de 793 916 tonnes pour l'année, dépassant les importations de 629 416 tonnes.

---

1. Voici les chiffres de la période de guerre en millions de tonnes :

1914	8,9
1915	8,7
1916	8,9
1917	9
1918	9,4

(V. *Bulletin du Comité des Forges*, nᵒˢ 3 425 et 3 435.)

2. Pendant la période de guerre, les exportations de fonte anglaise ont atteint :

916 807	tonnes en	1916
733 776	—	1917
482 161	—	1918

Mais ces exportations, autorisées exceptionnellement dans un intérêt de défense nationale, ne peuvent donner aucune indication utile sur le sens de l'évolution économique qui nous intéresse.

Il n'est pas possible de dire si l'Angleterre continuera à être pourvoyeuse de fonte, même dans la mesure restreinte des années d'avant guerre. Elle ne semble pas destinée, en tous cas, à redevenir la grande exportatrice de fonte qu'elle était encore au début du siècle, alors que les magasins publics de Middlesborough contenaient d'importants stocks de fonte, warrantés comme des stocks de coton et de café et faisant l'objet de marchés à terme. Cette situation prééminente a disparu devant des concurrences qu'il ne paraît pas possible de supprimer.

La production de fer soudé diminue de plus en plus en Angleterre, comme partout ailleurs. Dans cette patrie du puddlage, le fer soudé ne représente plus guère que 8 p. 100 du tonnage d'acier produit annuellement. Nous le signalons seulement pour mémoire [1].

La production d'acier augmente d'une façon plus sensible que celle de la fonte, comme le montre le tableau suivant :

Production d'acier en Grande-Bretagne
(en millions de tonnes).

1905	5,8
1907	6,5
1910	6,3
1912	6,7
1913	7,6
1914	7,8

1. Production de fer soudé en Grande-Bretagne :

1920	762 000 tonnes.
1921	296 900 —

soit, au cours des dix dernières années avant la guerre un accroissement de deux millions de tonnes représentant environ 33 p. 100. Le fait s'explique par la grande prépondérance de l'acier Martin en Angleterre. Nous avons déjà indiqué pourquoi le tonnage d'acier Martin est supérieur au tonnage de fonte employé à le fabriquer. En 1914, l'acier Martin produit par les fours anglais s'élevait à 6 555 597 tonnes sur un total de 7 835 000, soit 83 p. 100. Nous retrouvons sensiblement la même proportion dans les chiffres de la période de guerre et des années qui ont suivi [1].

Au cours de la guerre, l'Angleterre est parvenue non seulement à maintenir, mais à accroître sa production d'acier. Nous trouvons

En 1916	9,1	millions de tonnes.
1917	9,7	—
1918	9,1	—

A partir de la cessation des hostilités, une chute se produit pour les causes déjà indiquées, puis un relèvement marqué survient en 1920; mais 1921 subit la crise intense que nous savons et le relèvement de 1922 ne remonte même pas aux deux tiers du tonnage de 1920. Voici d'ailleurs les chiffres :

1919	7,8	millions de tonnes.
1920	9	—
1921	3,6	—
1922	5,8	—

1. V, *Bulletin du Comité des Forges*, n° 3 434.

Comment se comporte le commerce extérieur de l'acier pendant ces différentes périodes? Dès avant la guerre, l'Angleterre maintenait avec peine l'importance de ses exportations d'acier. Des fléchissements s'observaient certaines années. Les quatre millions de tonnes d'acier livrées à l'extérieur vers 1907 sont rarement atteintes dans les années antérieures à 1914, comme le montre le tableau suivant:

Exportations d'acier de la Grande-Bretagne.
(En millions de tonnes [1].)

1909	2,4	1914	2,8
1910	2,6	1915	2,3
1911	3,1	1920	1,9
1912	3,4	1921	1
1913	3,6	1922	1,8

Notons, dès à présent, qu'en 1913, l'ensemble des exportations d'acier allemand (demi-produits et produits finis) dépasse cinq millions de tonnes. Ainsi, non seulement l'Angleterre est stationnaire, mais de redoutables concurrences la font passer au second plan, même sur ce terrain spécial de l'exportation où elle jouit de si grands avantages.

Pendant la guerre, les exportations diminuent, mais, comme nous l'avons déjà dit, le marché est tellement anormal, tellement faussé par toutes sortes d'entraves, que les chiffres relevés n'offrent que peu d'intérêt.

Depuis la guerre, la seule année, dont l'allure générale permette une comparaison avec l'avant-guerre

____
1. *Id.*, n⁰ˢ 3 174, 3 257, 3 325 et 3 715.

est 1920. Pour cette année, l'excédent des exportations anglaises d'acier sur ses importations est seulement d'un million de tonnes (1 063 700). Il y aurait
donc recul marqué. En 1921, cet excédent est beaucoup
plus faible encore, bien entendu (250 400 tonnes)[1], et
en 1922 nous relevons le chiffre de 1 290 000 tonnes[2].

Pendant longtemps, l'Angleterre a lutté efficacement grâce à certaines spécialités pour lesquelles
elle avait une supériorité reconnue, ou qu'elle produisait avec un prix de revient avantageux. C'étaient,
en particulier, les tôles et le fer-blanc. En 1907, l'Angleterre exportait 768 000 tonnes de tôles diverses, soit
58,7 p. 100 des exportations de tôles du monde entier.
Ce chiffre augmente encore en valeur absolue à la
veille de la guerre, car en 1913 les exportations de tôles
anglaises dépassent un million de tonnes (1 040 000).
Depuis la guerre, malgré une production mondiale
très accrue, nous relevons des chiffres généralement
plus faibles : 214 000 tonnes en 1918; 783 000 en 1920;
401 000 en 1921; 818 000 en 1922. Il semble que
là aussi l'exportation anglaise soit sérieusement
menacée.

Même situation pour le fer-blanc. Avant la guerre,
l'Angleterre en exportait près de 500 000 tonnes
par an (483 000 en 1910, 494 921 en 1913)[3]. Les
exportations d'après guerre sont sensiblement infé-

1. *Bulletin du Comité des Forges,* n° 3 647.
2. *Id.,* n° 3 715.
3. *Circulaires du Comité des Forges,* série générale, n° 422.

rieures : 223 474 tonnes en 1918; 353 058 en 1920; 226 482 tonnes en 1921; 448 907 en 1922.

Dans l'industrie de la construction mécanique, il y a aussi un certain recul, non en valeur absolue, mais proportionnellement aux pays de développement industriel plus récent, surtout aux États-Unis et à l'Allemagne. L'Angleterre a été le berceau de la construction mécanique. Elle possède encore de grands avantages, une matière première bon marché, le charbon en grande quantité et à moindre prix que beaucoup de ses concurrents étrangers ne peuvent l'obtenir. Cependant, elle perd du terrain. Si elle parvient à se maintenir dans certains compartiments très spéciaux, comme l'exportation des métiers de l'industrie textile, elle est fortement dépassée par les États-Unis pour l'outillage agricole, par l'Allemagne pour l'outillage scientifique. Elle conservait encore une avance sur l'Allemagne, à la veille de la guerre, pour l'exportation du matériel de chemins de fer, qui, sous différentes formes, représentait une valeur de 300 millions de francs environ pour l'Angleterre (253 millions en 1912 et 319 en 1913), alors que les chiffres allemands correspondants donnaient une moyenne de 225 millions (194 en 1912 et 256 en 1913).

Toutefois, il convient de remarquer que si l'exportation anglaise de produits métallurgiques et d'ouvrages de construction mécanique est vivement concurrencée, si elle ne jouit plus d'un monopole de fait comme vers le milieu du siècle dernier, elle conserve toujours ce caractère d'être très importante par rapport à la production nationale. C'est que les pays concurrents qui menacent l'exportation métallurgique anglaise ont augmenté dans une très large mesure leur capacité de fabrication et écoulent sur leur marché national la grande masse de leurs produits. Au contraire, en Angleterre, l'exportation tient une grande place dans les débouchés de l'industrie métallurgique. Elle y est visiblement plus facile qu'ailleurs. L'organisation puissante et ancienne des transports maritimes, les relations commerciales facilitées par la dispersion des émigrants anglo-saxons sur une grande partie de la surface du globe, l'importance des colonies britanniques contribuent à ce résultat, et le marché métallurgique anglais se distingue de tous les autres par ce trait distinctif qu'il trouve proportionnellement plus de débouchés à l'étranger qu'aucun des autres marchés que nous étudierons dans la suite.

Avant d'examiner les conséquences de ce fait important, nous avons encore à signaler une spécialité très particulière de la construction mécanique, qui donne lieu à une exportation considérable. Nous voulons parler de la construction navale.

Ici l'Angleterre conserve sa prééminence, en dépit de l'effort extraordinaire, mais forcément limité dans le temps, que les États-Unis ont accompli de 1916 à 1921. Nous avons déjà précisé quelle est l'importance du tonnage qu'elle construit. Il était de près de 2 millions de tonneaux de jauge brute avant la guerre et les constructions pour compte étranger représentaient suivant les années, le tiers ou le quart du tonnage construit, comme le montre le tableau suivant :

CONSTRUCTION NAVALE EN GRANDE-BRETAGNE.

Navires de commerce (en tonneaux de jauge brute [1]).

	Pour compte anglais.	Pour compte étranger.	Total.
1911. .	1 399 770	404 701	1 803 844
1912. .	1 322 995	415 519	1 738 514
1913. .	1 513 107	419 046	1 932 153

Pendant la guerre et jusqu'à la dépression du marché des navires dans le monde entier, les chantiers navals anglais n'ont travaillé que pour le pavillon britannique. Toute cession de navire neuf ou usagé à un pavillon étranger était, en effet, interdite, sauf autorisation spéciale accordée avec parcimonie [2]. Depuis la guerre, la construction pour compte étranger a repris dans les chantiers anglais, mais avec le rythme très ralenti qu'impose à cette industrie dans le monde entier la crise générale des échanges et des transports maritimes. On ne peut donc guère se prononcer sur l'avenir réservé à la construction navale pour compte étranger en Angleterre. Il y a un fait nouveau, celui de la création aux États-Unis d'immenses chantiers navals qui pourraient concurrencer les chantiers anglais par le bon

1. V. Circ. 633 de la *Chambre syndicale des Constructeurs de navires.*
2. *Act* 10 mars 1915. V. circulaire n° 1 007 du *Comité central des Armateurs de France.*

marché des matières premières qu'ils emploient et par leurs méthodes de travail. Mais ces chantiers sont fermés pour la plupart, des raisons d'ordre économique, notamment l'excès actuel du tonnage américain, ne leur permettant pas de travailler. Les chantiers anglais, au contraire, tout en se ressentant de la crise générale, peuvent compter sur une clientèle d'armateurs nationaux, et même de certains armateurs étrangers, qui leur reviendra dès que les commandes de navires pourront reprendre. Il semble donc que l'Angleterre ait des chances de conserver encore sa supériorité dans la lutte qui ne manquera pas de s'établir entre ses chantiers navals, ceux des États-Unis, peut-être aussi ceux de l'Allemagne et du Japon.

Les navires neufs ne sont pas, d'ailleurs, les seuls qu'exporte la Grande-Bretagne et on aurait une idée inexacte de son rôle si on le mesurait seulement à l'importance des commandes faites à ses chantiers par l'armement étranger. C'est, en effet, en Angleterre que se trouve le plus grand marché, on pourrait presque dire le seul marché, de navires de seconde main. Il en résulte que beaucoup de navires construits en Angleterre, ayant navigué quelques années sous pavillon anglais, achèvent leur carrière en battant un autre pavillon. C'est encore une manière indirecte de construire pour l'étranger. Elle mérite d'être signalée, bien qu'il soit difficile d'en mesurer l'importance.

2. — LA FAIBLESSE DE LA CONCENTRATION COMMERCIALE.

L'examen rapide que nous venons de faire du marché britannique de la métallurgie montre clairement qu'il est organisé depuis fort longtemps en vue de l'exportation. Une partie très importante de sa clientèle se trouve à l'étranger. Ajoutons qu'elle est dispersée dans un grand nombre de pays. Par suite, ce marché va présenter une souplesse d'allures à laquelle ne saurait prétendre un marché à clientèle exclusivement ou presque exclusivement nationale. Une crise survenant en Angleterre ne se produit pas toujours au même moment et avec la même intensité dans les pays étrangers qui offrent des débouchés à sa métallurgie. D'autre part, une crise locale en Argentine peut coïncider avec une période favorable dans l'Inde, en Extrême-Orient, en Australie, en Europe. Il se produit ainsi d'heureuses compensations entre les différentes régions du globe où se trouve répartie la clientèle de l'Angleterre.

Ce n'est pas à dire que le marché métallurgique anglais ne connaisse ni l'engorgement momentané, ni la mévente, ni l'avilissement des prix. Il subit toutes ces vicissitudes, mais moins fréquemment et d'une façon moins intense que si sa clientèle se trouvait toute groupée sur un seul point. L'exportation joue vis-à-vis de lui le rôle d'une soupape de sûreté, qui prévient les ruptures d'équilibre entre la consommation d'énergie d'une machine et la production de cette énergie dans la chaudière qui l'alimente. De là, le caractère de souplesse signalé plus haut.

Sur un marché ainsi organisé, les producteurs pourront bien tenter de s'unir entre eux pour conjurer un péril imminent; mais ils ne se lieront pas par des liens étroits et durables. Le péril sera rarement assez grave, assez durement ressenti, pour les déterminer à accepter la contrainte d'engagements à long terme qui entraverait leur liberté d'action, leur imposant une rigoureuse discipline et leur enlevant une partie de leur indépendance.

Dans ces conditions, nous relèverons des tentatives d'ententes entre producteurs; mais elles sont locales, ou temporaires, ou spéciales; ou bien encore, elles ne vivent que parce qu'elles sont peu exigeantes pour leurs adhérents. Elles représentent toujours des phénomènes de concentration commerciale très atténuée. Voici quelques exemples empruntés à ces trente dernières années.

En ce qui concerne le commerce de la fonte, les propriétaires de hauts fourneaux se groupent dans la *British Iron Trade Association* pour la défense de leurs intérêts communs; mais cette association n'a jamais réussi à établir une limitation de la quantité de fonte produite. Tout au plus, certaines associations régionales ont-elles pu, à différentes reprises, s'entendre sur les quantités à livrer aux consommateurs.

Les producteurs d'acier s'étaient préoccupés, vers 1911, de l'écoulement régulier de leurs aciers laminés et avaient recouru à un procédé curieux inspiré par la pratique des « Conférences » de navigation. Au lieu d'envisager une entente entre eux, ils avaient pensé à établir des primes de fidélité pour leur clientèle. Vingt-trois des plus grandes firmes métallurgiques du Royaume-Uni offraient un rabais fixe de 5 shillings par tonne aux clients n'ayant pas acheté d'acier en dehors de leur groupe pendant une période de quatre mois. C'était exactement le système des *deferred rebates*; mais il semble qu'il soit demeuré à l'état de projet [1].

Dans le commerce de la tôle galvanisée, un groupement assez puissant, constitué tout d'abord par des maîtres de forges des Middlands, puis grossi peu à peu, aboutit en 1905 à une entente réunissant la presque totalité des producteurs anglais de cette spécialité.

Pour une autre spécialité, celle des rails de chemins de fer, les Anglais ont fait partie des ententes internationales qui se sont constituées à diverses reprises avec les Allemands, les Français, les Belges, les Russes et les Américains. On signale aussi l'accord survenu entre les fabricants de clous de Grande-Bretagne et ceux de l'Allemagne pour limiter la concurrence qu'ils se

---

1. V. *Bulletin d'Information du Comité des Forges*, 15 novembre 1911, p. 311.

faisaient et établir entre eux une sorte de partage de zones.

On trouve également dans les innombrables spécialités de l'industrie de Birmingham, notamment pour les lits de fer, sommiers métalliques, épingles, écrous, petits outillages, etc., de nombreux essais d'ententes, dont le plus célèbre fut lancé en 1891 par un nommé E. J. Smith, qui groupa à un moment 500 patrons et 20 000 ouvriers; car il avait été utile, dans beaucoup de petits ateliers, d'agir à la fois sur la direction et sur la main-d'œuvre pour obtenir un accord. On était arrivé à établir des échelles mobiles de salaires variant suivant les prix de vente. Mais, dès le commencement du siècle, ce laborieux échafaudage s'écroulait et les essais tentés depuis lors pour maintenir les prix à un certain niveau paraissent avoir tous échoué.

En recherchant avec conscience les manifestations de la concentration commerciale en Angleterre, nous nous sommes, on le voit, un peu éloignés de la grande métallurgie pour tomber dans des fabrications de détail. C'est précisément la marque de l'indigence du phénomène sur le marché métallurgique anglais [1].

Vers la fin de la guerre, l'*Iron and Coal Trades Review* du 30 mars 1917, annonçait la constitution prochaine d'un syndicat national anglais de l'acier [2].

---

1. On trouvera dans l'ouvrage de M. SÉNÉCHAL, *La concentration industrielle et commerciale en Angleterre*, une énumération détaillée des essais d'ententes dans la métallurgie anglaise.

2. V. *Bulletin du Comité des Forges*, n° 3 391.

Il ne semble pas que ce projet ait été jamais réalisé ; mais il est intéressant de noter que dans l'esprit de ses auteurs, il s'agissait non pas de réglementer la vente sur le marché national, mais d'organiser l'exportation sur les marchés étrangers en tenant compte des difficultés nouvelles, surtout de l'accroissement de la production anglaise pendant la guerre. « Nous finirons la guerre, disaient-ils, avec une production d'acier bien supérieure à celle que nous avions en la commençant..... On peut raisonnablement s'attendre à ce que la plus grande partie de cette production doive être vendue à l'étranger, et alors il est de beaucoup préférable de voir se fonder des syndicats pour lutter contre la concurrence étrangère que si les industriels s'y efforçaient individuellement, en se nuisant mutuellement sur le marché étranger. »

Les circonstances d'après guerre ont rendu vaines ces sages prévisions. Elles demeurent intéressantes parce qu'elles nous renseignent clairement sur les craintes des métallurgistes anglais. Ils se demandaient si la soupape de sûreté de l'exportation jouerait après la guerre, avec une production britannique accrue, aussi facilement qu'avant guerre. Et ils étaient prêts à s'imposer des contraintes pour en assurer le jeu. Ils sentaient que c'était là la sauvegarde de leur industrie.

3. — L'INTENSITÉ DE LA CONCENTRATION INDUSTRIELLE EN GRANDE-BRETAGNE.

Si les ententes entre producteurs sont rares et faibles dans la métallurgie anglaise, les phénomènes de concentration industrielle y sont, au contraire, nombreux et intenses. On les rencontre sous leurs deux formes, soit à l'état de fusions « horizontales » absorbant plusieurs firmes ou sociétés qui font la même opération, soit à l'état de fusions « verticales » absorbant des établissements placés à des stades divers de transformation, intégrant une série d'usines qui traitent la matière première et aboutissent au produit fini.

Il faut relever ce trait important. Il explique, en effet, en grande partie, ce que nous avons déjà constaté, savoir que l'exportation anglaise de produits métallurgiques représente encore une part notable de la production. Quelques facilités qu'offrent le voisinage de la mer, l'activité des transports maritimes et des relations commerciales, la force des liens économiques qui unissent l'Angleterre à ses colonies, tout cela ne suffirait pas à organiser une forte exportation métallurgique, si les producteurs anglais n'étaient pas capables d'un effort intense dans ce sens. Les circonstances que nous avons dites leur ont permis jusqu'ici d'atteindre ce but sans recourir aux combinaisons compliquées des ententes; mais il leur a fallu un haut degré de concentration industrielle pour compenser en quelque sorte leur action individuelle.

Cette action individuelle est efficace précisément parce que chaque établissement est très puissant. Les procédés de fusion et d'intégration sont en honneur dans la métallurgie anglaise depuis fort longtemps. Après la guerre un mouvement très marqué s'est affirmé à nouveau de ce côté. Quelques exemples nous permettront d'en juger.

En 1844, à la suite de la découverte des gisements de minerai de fer dans le célèbre comté de Cleveland, MM. *Bell* frères construisaient trois hauts fourneaux produisant à eux trois de 12 000 à 13 000 tonnes de fonte par an. Quelques années après, la firme Bell frères acquérait d'une part des mines de fer à Skelton, d'autre part des mines de houille et des cokeries à Pagebank, Browney, etc. Elle construisait des voies ferrées pour relier ces établissements les uns aux autres. C'était déjà de l'intégration bien caractérisée. En 1898, Bell frères s'associe à *Dorman Long and C°* pour construire et exploiter à Port-Clarence une grande aciérie. En 1902, l'alliance entre les deux firmes devient plus étroite. En 1903, Dorman Long and C° acquièrent la *North Eastern Steel C°* (Capital : 1 800 000), propriétaire d'importantes aciéries. En décembre 1905, les trois entreprises fusionnées, ou du moins fortement unies, employaient 5 500 hommes, auxquels elles payaient plus de 1 000 guinées par jour. Elles produisaient 1 150 000 tonnes de minerai de fer, 750 000 tonnes de charbon, 500 000 tonnes de coke, 550 000 tonnes de fonte, 400 000 tonnes d'acier et en employaient de 30 000 à 40 000 tonnes pour la construction mécanique [1]. En 1920, l'amalgamation s'augmentait par l'acquisition de la *Carlton Iron Co*.

C'est aussi une intégration complexe que représente le groupe *Furness*, dans lequel on trouve des charbonnages, des cokeries, des hauts fourneaux, des aciéries, des laminoirs, des chantiers de construction navale, une ligne de navigation, des agences d'affrétement à l'étranger. Il a absorbé successivement la *Weardale Steel Coal and Coke Co*, la *Cargo Fleet Co*, la *South Durham Steel Co*, la *Talbot Continuous Steel Process Co*, la Cie *Furness*, les chantiers *Withy*, la Cie *Irvine* et d'autres [2].

L'intégration ne se produit pas toujours par absorption d'entreprises déjà existantes. Parfois, comme dans le cas de la société *Bolckow Vaughan and Co*, c'est par une série de créations successives qu'elle se constitue [3]. Fondée en 1850, elle possédait au commencement du siècle 26 hauts fourneaux dans le voisinage de Middlesborough (Cleveland). Ces hauts fourneaux étaient alimentés par le coke de ses cokeries, provenant du charbon de ses houillères, par le minerai de ses mines, et ils produisaient 779 241 tonnes

1. SÉNÉCHAL, *op. cit.*, p. 53.
2. *Id. ibid.*, p. 72.
3. *Id. ibid.*, p. 60.

de fonte [1], dont une grande partie était dénaturée dans ses aciéries. En 1922, Bolckow Vaughan et Cie acquièrent la majorité des actions de la Compagnie des *Darlington Rolling Mills*, recourant ainsi au procédé de l'absorption pour fortifier encore son pouvoir.

De pareils exemples pourraient être multipliés à l'infini. Ils ne forment pas une exception curieuse; ils représentent plutôt la normale. Encore n'avons-nous pas cité certaines puissantes amalgamations connues du monde entier, comme le groupe *Armstrong, Withworth and C*[o], dont le rythme d'accroissement est particulièrement rapide. En 1882, M. W. G. Armstrong and C[o], déjà réputés pour leurs fabrications d'artillerie et leur construction mécanique, s'unissent à *Mitchell and C*[o], constructeurs de navires. En 1897, Sir Joseph Withworth entre dans le groupe. En 1899, un accord est conclu avec Stephenson, constructeur de locomotives et de navires. De plus, plusieurs grands métallurgistes, dont Sir J. W. Pease et Sir Christopher Furness, acquièrent des intérêts importants dans l'affaire. En même temps, Armstrong s'établit puissamment à l'étranger, soit par la création d'ateliers, soit par sa participation à de grandes entreprises, telles qu'*Ansaldo* à Gênes ou la *Kokkardo Colliery and Steamship C*[o] au Japon [2]. Le mouvement continue, d'ailleurs, car, en 1920, Armstrong, déjà lié à Whitehead le grand fabricant de torpilles, achète les actions

1. SÉNÉCHAL, *op. cit.*, p. 60.
2. *Id. ibid.*, p. 64.

ordinaires de *Pearson and Knowles Coal and Iron C*°.

Citons encore le groupe *Pease Partners*, l'amalgamation de *Wickers and Maxim*, celle de *John Brown and C*°, *Cammel Laird and C*°, *Fairfield and C*°, représentant toutes des intégrations déjà constituées à la fin du siècle dernier, bien que plusieurs d'entre elles aient sensiblement grandi depuis 1900.

Mais il semble qu'aujourd'hui la métallurgie anglaise vise à des groupements d'un cadre plus vaste encore. En 1917, il s'est fondé à Sheffield, sous le nom de *United Steel Companies*, une société qui a commencé par racheter des entreprises en activité et s'est constituée tout d'abord sous la forme juridique d'un *holding trust*, en émettant elle-même des sortes de certificats correspondant à un certain nombre d'actions des entreprises qu'elle possédait. Très vite, elle a complètement fusionné ces unités diverses et, en 1920, trois firmes nouvelles étaient absorbées par elle. A cette époque, son capital était de près de 10 millions de livres sterling (9 343 915). Bien entendu, elle possède et exploite des houillères, des gisements de minerai de fer, des hauts fourneaux, des aciéries, des laminoirs.

D'autre part, il a été fortement question, en 1920, de la création d'une *British Empire Steel Corporation*, qui aurait uni les entreprises métallurgiques du Canada, déjà très concentrées, avec des entreprises anglaises de la métropole, le Canada fournissant à celles-ci ses demi-produits. L'échec de la tentative serait dû, dit-on, à des causes d'ordre financier et à des malentendus d'ordre secondaire. Peut-être le projet sera-t-il repris pour dresser contre le *Steel Trust* des États-Unis une sorte de trust métallurgique anglo-canadien [1]. C'était bien, dans tous les cas, le but poursuivi par la British Empire Steel Corporation. A l'image du Steel Trust qui, comme nous le verrons, fait à lui seul la presque totalité de l'exportation métallurgique américaine, elle voulait organiser, avec l'aide de la métallurgie anglaise, l'exportation de ses produits [2].

Il faut conclure de tout cela que, pour arriver à faire jouer aisément la soupape de sûreté de l'exportation, qui a permis jusqu'ici aux métallurgistes anglais d'échapper à la nécessité des ententes et de conserver leur indépendance commerciale, il leur a fallu se grouper très fortement, constituer des unités industrielles collectives et extrêmement puissantes; en d'autres termes, recourir à une concentration industrielle très intense pour éviter la concentration commerciale. C'est à ce prix qu'ils y ont réussi, malgré les conditions exceptionnellement favorables que leur offrait le marché anglais.

1. *Bulletin de la Société d'Études et d'Informations économiques,* du 11 janvier 1921.

2. Le projet de la Bristish Empire Steel Corporation avait été poussé assez loin pour qu'on annonçât sa constitution. Le capital était de 191 millions de dollars, divisé en 36 millions d'actions de priorité, 65 millions d'actions de 2e priorité, 65 millions d'actions ordinaires et 25 millions d'actions de préférence participantes (*France-Canada,* 7 novembre 1920).

CHAPITRE VIII

Le marché métallurgique allemand.

L'organisation très particulière du marché sidérurgique allemand, de ses puissants cartells, ne peut s'expliquer qu'en étudiant sa situation avant la guerre. Elle résulte, en effet, des phénomènes d'avant guerre et ce que nous en voyons subsister aujourd'hui est, en grande partie, une survivance ou une déformation.

Nous allons donc nous placer tout d'abord à cette époque, sauf à examiner ensuite les modifications survenues par répercussion des événements ultérieurs.

1. — L'ENCOMBREMENT CHRONIQUE
DU MARCHÉ SIDÉRURGIQUE ALLEMAND D'AVANT GUERRE.

L'Allemagne possédait avant la guerre une importante réserve de minerai de fer. Pendant longtemps ses richesses en minerai de fer avaient dépassé ses besoins et, jusqu'à la fin du siècle dernier, elle exportait du minerai plus qu'elle n'en importait. C'est en 1898, pour la première fois, que l'équilibre se rompt au profit de l'importation et, depuis lors, il fallait chaque année, pour entretenir l'activité croissante des hauts fourneaux allemands, faire appel à l'étranger pour un fort tonnage de minerai, qui oscillait autour de dix millions de tonnes les dernières années qui ont précédé la guerre, avec une tendance marquée à l'augmentation.

Les ressources du sous-sol allemand en minerais avaient donc beaucoup aidé, au début, à l'essor de la métallurgie allemande. On sait avec quel soin et avec quelle méthode avait été étudiée, en 1871, la délimitation des frontières de la France vaincue, pour assurer à l'Empire les gisements alors connus. Les trois quarts environ du minerai de fer extrait en Allemagne provenaient de la Lorraine annexée. Mais l'essor métallurgique allemand avait été si puissant que les gisements nationaux ne suffisaient plus à son activité.

La situation se précisait ainsi en 1913 : l'Allemagne produisait 28 607 000 tonnes de minerai de fer, dont 21 136 000 en Lorraine annexée et 7 471 000 dans le reste de l'Empire.

L'Allemagne importait, d'autre part :

De France . . .	3 720 000 tonnes de minerai de fer.	
De Suède et de Norvège	4 862 000 —	—
D'Espagne . . .	3 362 000 —	—
Du Luxembourg.	782 000 —	—
	12 726 000 tonnes de minerai de fer.	

Elle élaborait, par conséquent, plus de 41 millions de tonnes de minerai de fer[1].

En apparence, sa métallurgie dépendait donc, pour un quart environ de sa matière première, de la fourniture de pays étrangers. En fait, ces pays ne pouvaient pas procéder à la fusion de leur minerai sans se procurer le coke qui leur faisait défaut. Et alors que le minerai se trouve exploité en excès sur plusieurs points, un seul pays du continent européen produisait du coke en excès et ce pays était précisément l'Allemagne. Nous avons déjà expliqué cette situation et l'avantage considérable qu'en tirait la métallurgie allemande. Le déficit national en minerais était plus que compensé par l'abondance du coke.

Aussi, le progrès de l'industrie métallurgique allemande, bien que son développement moderne ait commencé beaucoup plus tard que celui des industries similaires anglaise, française et belge, a-t-il été très rapide, comme le montre le tableau suivant de la production de la fonte :

Production de fonte en Allemagne.
(en millions de tonnes.)

1871	1,5
1881	2,5
1891	4,1
1901	6,9
1911	13,8
1913	16,7

1. *Bulletin du Comité des Forges*, n° 3668.

Mais les exportations métallurgiques, dans leur ensemble, ont marché d'un pas plus rapide encore.

Exportations métallurgiques allemandes.
(en millions de tonnes.)

1871	0,25
1881	0,49
1891	0,61
1901	1,28
1911	3,45
1913	6,5

Ainsi, au moment de la guerre, il fallait à tout prix à la métallurgie allemande des débouchés extérieurs représentant environ 39 p. 100 de sa production. Et, bien loin que cette exportation fût extrêmement facilitée, comme en Angleterre, par les conditions géographiques, elle ne pouvait se réaliser qu'en triomphant de beaucoup d'obstacles. La situation était à peu près la même que pour la houille, avec cette atténuation sensible que les produits métallurgiques ont une valeur très supérieure à celle de la houille. Les difficultés d'exportation se trouvaient diminuées dans cette mesure, mais elles étaient de même ordre.

Par suite, lorsqu'on étudie la métallurgie allemande[1], on éprouve l'impression qu'elle était, d'une manière chronique, en danger d'étouffement. En dépit des obstacles que nous venons de dire, elle avait été, en effet, développée sans précaution, d'une façon

1. Documents statistiques du *Comité des Forges de France*, années 1905 et 1914.

démesurée. Beaucoup de circonstances avaient agi dans
ce sens. C'était d'abord le large crédit que les industriels allemands trouvaient auprès des banques. On
a souvent fait ressortir avec beaucoup de raison le
rôle fécond joué à ce propos par les banques allemandes. Il n'en est pas moins vrai que, si les facilités
de crédit ont aidé à l'essor des industries de l'Empire,
elles ont, par le fait même, privé ces industries du
frein de prudence que d'autres trouvaient dans les
habitudes défiantes des banquiers de leur pays.

De plus, il était souvent nécessaire de produire en
grande quantité pour assurer une rémunération et
un amortissement aux outillages neufs et coûteux
d'une usine moderne. Donc pas de choix entre le vaste
établissement à large débit et l'abstention totale.
Pas de place pour l'usine moyenne; elle ne peut pas
produire avec un prix de revient suffisamment bas.
C'est une conséquence technique du travail mécanique
que nous connaissons bien.

Ajoutons enfin que l'intégration s'impose ou se
recommande dans beaucoup de cas. Elle est classique,
sauf circonstances particulières, pour les hauts fourneaux, les aciéries et les laminoirs. Et nous savons
que l'intégration comporte un constant équilibre
entre la production des diverses usines qu'elle réunit.
Bien entendu, c'est seulement sur la production la
plus élevée que se règle cet équilibre. Si on s'avisait
de l'obtenir en réduisant la capacité des usines les
plus puissantes au niveau de celle des plus faibles,

on augmenterait forcément le prix de revient des premières.

Tous ces éléments divers poussent à la production en grandes masses. Et, une fois la clientèle nationale servie, il n'est pas facile d'exporter, non seulement à cause des raisons permanentes indiquées plus haut, mais aussi par suite de circonstances qui agissent dans le même sens.

L'Allemagne s'étant développée industriellement plus tard que l'Angleterre, la France et la Belgique, les marchés d'importation métallurgique sont déjà desservis, quand elle vient faire ses offres de service, par ces trois pays, surtout par le premier. Elle ne peut donc s'assurer des clients qu'en les enlevant à d'autres. Les marchés nouveaux, inexploités, sont à peu près inexistants.

Cela est d'autant plus vrai pour l'Allemagne que ses colonies sont peu importantes. Elle ne peut donc pas se réserver par des artifices administratifs de vastes pays neufs. Il lui faut vendre son acier et ses machines là où d'autres métallurgistes ont déjà créé des relations, installé des représentants ou des agences.

C'est en faisant ce qu'ils ont déjà fait, mais en le faisant mieux qu'eux, qu'elle arrivera à se créer une place. Elle vendra meilleur marché; elle consentira de longs crédits; elle évitera au client toute la peine possible en lui adressant des catalogues rédigés avec soin dans sa langue nationale, cotant des prix, non pas en marks, mais en piastres, en taëls, en roubles, en leis, suivant le cas. Elle s'informera des goûts et des habitudes du pays à desservir, fera copier les modèles en usage pour les reproduire. Enfin elle lâchera sur lui des quantités de voyageurs, agents, représentants; elle installera des banques allemandes dans les centres; elle créera des lignes de navigation allemande pour qu'un lien permanent rattache la clientèle éloignée au producteur allemand.

Cet effort complexe et intense ne pourra donner tout son rendement que s'il est collectif. Il faut que tous les métallurgistes allemands travaillent en commun dans ce but. Le gouvernement les soutiendra par tous les moyens et d'autant plus efficacement qu'ils seront déjà groupés dans des syndicats dont nous allons voir bientôt l'origine. Tout cet ensemble constitue les méthodes allemandes d'expansion économique, si exactement décrites par M. Hauser [1].

C'est à ce prix que le marché métallurgique allemand a pu être dégagé par l'exportation.

Tout d'abord, elle a porté surtout sur les produits fins qui, ayant plus de valeur et moins de poids, se prêtaient mieux aux longs transports. L'Allemagne avait, d'ailleurs, tendance à s'assurer le profit de la fabrication à tous ses stades. L'abondance de la houille dont elle disposait, la main-d'œuvre très nombreuse que lui fournissait une natalité intense, facilitaient cette solution. Cinq ou six ans avant la guerre,

____

1. H. HAUSER, *Les Méthodes allemandes d'expansion économique.* Paris, Armand Colin, 1917.

cependant, la fonte et les produits de laminoirs prennent une place de plus en plus importante. Nous savons déjà pourquoi certains hauts fourneaux de la Lorraine annexée étaient amenés à exporter leur fonte brute [1]. D'autre part, la construction mécanique allemande n'avait pas suivi dans son développement un rythme aussi rapide que la grosse métallurgie, au cours de cette période. En 1913, à la veille de la guerre, les exportations métallurgiques allemandes se distribuaient de la façon suivante, d'après la nature des produits exportés :

Fonte.	783 000	tonnes.
Objets en fonte	183 000	—
Blooms, billettes et profilés	3 180 000	—
Tôles.	664 000	—
Produits de tréfilerie	584 000	—
Pièces de forge	360 000	—
Divers	746 000	—
Total	6 500 000	tonnes.

Ces chiffres appellent quelques observations. Au moment où elle a déclaré la guerre, voulu la guerre, l'Allemagne exportait plus de 4 millions de tonnes de produits bruts et de demi-produits, c'est-à-dire les deux tiers environ de son exportation métallurgique totale. Sa production de fonte et d'acier était donc supérieure à sa capacité normale de transformation. Le danger d'engorgement, conjuré seulement

1. V. Ch. v.
2. D'après le *Bulletin du Comité des Forges* n° 3362.

par une exportation très laborieuse, était donc double. Il fallait dégager le marché métallurgique dans son ensemble. Il fallait aussi assurer des débouchés à la grosse métallurgie dont les ateliers et usines d'Allemagne ne pouvaient plus consommer tous les produits.

On voit comment, avec des chiffres statistiques assez rapprochés, l'exportation métallurgique anglaise et l'exportation métallurgique allemande présentaient des physionomies tout opposées. La première est favorisée par toutes sortes d'éléments ; elle s'opère sans grand effort et donne au marché national une souplesse caractéristique. La seconde est hérissée de difficultés. Elle n'est obtenue que par des efforts combinés, dont nous avons indiqué l'objet, mais dont nous n'avons pas encore étudié le mécanisme extrêmement compliqué. Enfin, elle ne procure pas au marché métallurgique allemand une souplesse comparable à celle du marché anglais. Il faut que la clientèle allemande absorbe encore 10 millions de tonnes de produits après que l'exportation a fait son œuvre, alors que la Grande-Bretagne ne se trouve plus en face que de 5 millions de tonnes environ à consommer. Dans le premier cas, l'engorgement est toujours menaçant. Dans le second, il est peu à redouter.

Pour parer à ce danger d'engorgement permanent, l'Allemagne a eu recours au syndicat industriel de producteurs, à l'entente sous toutes ses formes. L'organisation de ces groupes a atteint dans la métallurgie une importance comparable à celle que nous avons déjà eu occasion de constater dans l'industrie houillère allemande. Elle a fourni une solution au problème du marché intérieur. Elle a puissamment aidé également à la solution du commerce extérieur et c'est à elle, en grande partie, qu'est dû le succès de l'exportation métallurgique allemande. Il convient donc de l'étudier avec soin.

2. — Les syndicats industriels de producteurs dans la métallurgie allemande.

Ce n'est pas, naturellement, dans le compartiment du minerai de fer que le phénomène va être le plus intense. Étant donné que la production allemande de minerai est déficitaire, on pourrait même s'attendre à l'absence de toute entente entre les exploitants de mines de fer. Ce sont des préoccupations de surproduction locale et de distribution rationnelle sur le marché allemand qui expliquent la constitution ancienne et le maintien actuel de l'Union du Minerai de fer du Pays de Siegen (*Siegenländer Eisenstein-verein*). Il n'a donc qu'une importance secondaire

Avec la fonte, nous arrivons à des organismes qui méritent plus d'attention. Mais leur action n'est pas considérable, parce que l'intégration fréquente des hauts fourneaux aux aciéries enlève beaucoup d'intérêt à la vente des fontes brutes. La grande majorité du tonnage se trouve, en effet, utilisée par les producteurs eux-mêmes. Il en était ainsi surtout autrefois, alors que l'Allemagne n'exportait pas de fontes à l'état brut. On sait que, quelques années avant la guerre, elle avait commencé à en exporter. C'est probablement dans ce fait qu'il faut chercher la cause de la constitution assez récente du *Roheisenverband*, syndicat des fontes brutes, renouvelé pour onze ans en 1921 [1], et qui avait été précédé par des syndicats locaux correspondant aux grands centres de production, savoir, la région rhénane-westphalienne, y compris la Lorraine, la région de Siegen et la Silésie [2].

Les fonderies allemandes sont également unies dans un cartel (*Verein deutscher Eisengiessereien*), subdivisé en groupes régionaux très nombreux. Il s'agit d'établissements d'importance diverse, avec des variétés locales caractérisées. Lorsqu'au contraire les fonderies s'adonnent à une fabrication uniforme et en grande masse, elles forment un groupe étroitement spécialisé dans son objet, mais englobant tout le territoire national. C'est le but poursuivi par le Syndicat des tuyaux de fonte (*Deutsches Gussröhrensyndikat*) fondé en 1902, renouvelé plusieurs fois depuis lors, mais qui n'arrive pas à grouper autour de lui toutes les usines intéressées.

---

1. *Bulletin de la Société d'Informations et d'Études*, 5 janvier 1922.
2. Sur la constitution des trois syndicats locaux de producteurs de fontes brutes, voir *Circulaire du Comité des Forges*, n° 427, série générale, p. 20 et 21.

On pourrait citer une série d'autres groupes visant un produit spécial, par exemple, le Syndicat des tubes ondulés, l'Union des producteurs de fer puddlé du Rhin et de la Westphalie, etc. Il est bon d'en signaler l'existence pour marquer combien est répandue dans tous les compartiments de la métallurgie allemande l'habitude des ententes industrielles. C'est une confirmation des causes générales indiquées plus haut.

Mais le grand syndicat de la métallurgie allemande, celui qui exerce l'action la plus intense et la plus générale, parce qu'il s'applique à l'ensemble des produits livrés à la clientèle, est le Syndicat des aciéries (*Stahlwerksverband*).

Le *Stahlwerksverband* fut constitué pour la première fois en 1904, à la suite de plusieurs tentatives de groupement local. Renouvelé en 1907 jusqu'au 30 avril 1912[1], il subit à ce moment une transformation profonde. Nous l'étudierons d'abord dans sa première période. Notons que, pour une production de produits finis ou demi-finis pouvant s'élever à plus de douze millions de tonnes, le syndicat groupait seulement 30 adhérents, représentant les trois quarts du tonnage produit par les usines allemandes. Ce petit nombre d'adhérents indique le degré intense de concentration industrielle atteint par l'industrie métallurgique allemande. Il explique également le succès de l'entreprise particulièrement complexe que le

---

1. Voir *Circulaire du Comité des Forges*, série générale n° 427, p. 16.

syndicat avait en vue. On se trouvait en présence d'une très grande variété de produits ; il fallait donc recourir à des classifications délicates, très détaillées, découvrir pour chacune d'elles les règles à appliquer, en assurer la sanction. Toutefois il y avait une distinction fondamentale à faire entre les produits bruts et demi-ouvrés, d'une part, et les produits de plus grand usinage ; l'obstacle à surmonter était beaucoup moindre pour les premiers que pour les seconds.

Les produits bruts ou demi-ouvrés, dénommés « produits A » par le règlement du syndicat, furent soumis à la discipline étroite du Bureau de Vente, telle que nous l'avons vu fonctionner dans le Syndicat rhénan-westphalien des houilles. Plus de relations directes entre le producteur et sa clientèle ; toutes les commandes passent par le syndicat, qui les exécute. Cela suppose, nous le savons, que les produits des diverses usines syndiquées sont exactement interchangeables, que la clientèle les considère tous comme de qualité égale, etc. C'est possible parce que les produits A sont des produits bruts ou des produits de laminoirs, lingots, blooms, billettes, poutrelles, rails de chemin de fer, etc.

Les produits B, au contraire, sont des fers en barres, des fils de fer, des tôles, des tubes, des pièces moulées et forgées. Ils comportent plus de variétés, surtout dans les derniers termes de l'énumération. Les usines syndiquées n'estimèrent pas pouvoir abandonner la clientèle que chacune d'elles s'était attachée par la qualité de ses livraisons. Elles consentirent seulement à accepter une règle collective pour les quantités à produire.

Telle fut, dans ses grandes lignes l'organisation du Stahlwerksverband au cours de sa première période, jusqu'en 1912. Mais la discipline, pourtant bien réduite, imposée aux produits B avait été difficilement observée et personne ne voulait plus s'y soumettre pour une nouvelle période. Même en ce qui concerne les produits A, de vives protestations s'élevaient contre certains inconvénients du Bureau unique de vente. Le renouvellement de 1912 ne fut obtenu qu'en faisant disparaître la limitation de production dont étaient indirectement frappés les produits B et en atténuant par de nombreuses exceptions la discipline imposée aux produits A.

Nous n'entreprendrons pas de reproduire et de commenter dans le détail les interminables statuts du Stahlwerksverband, tels qu'ils ont été rédigés en 1912[1]. Nous nous bornerons à en donner une brève analyse, mettant en relief les modifications intervenues et leurs causes.

Les produits A demeurent, en principe, soumis à la règle de la vente en commun, à un prix fixé par le syndicat. Mais une longue liste d'exceptions est prévue. Elle occupe plus de trois pages. Ces exceptions sont consenties aux usines syndiquées pour les cas

1. Le texte a été publié par le *Bulletin du Comité des Forges*, n° 3 348.

où un produit, au lieu d'être absolument interchangeable, se caractérise par une destination définitive déterminée; soit parce qu'il offre une particularité en rapport avec sa destination (lingots de plus de 6 tonnes destinés à être forgés); soit à cause de sa qualité spéciale (si les lingots sont vendus 10 mark de plus que le prix de base — si les produits laminés sont vendus 20 mark de plus que le prix de base).

Ces ventes hors comptoir, qui s'étendent à un grand nombre de cas, n'échappent pas complètement à la discipline du syndicat. Non seulement elles sont contrôlées par lui, mais il a droit une remise sur leur montant et les quantités sur lesquelles elles portent entrent en compte dans le quantum fixé pour chaque adhérent.

Ce quantum est exprimé par un chiffre de participation principale (*Hauptbeteiligung*) en poids d'acier brut. En 1912, ce chiffre était, par exemple, pour les établissements Thyssen, de 457 095 tonnes représentant 7,0775 p. 100 du total. Mais le syndicat ne se borne pas à cette intervention globale. Il décide également dans quelle proportion ce tonnage sera réparti entre les diverses fabrications aboutissant à des produits A. Ainsi, les établissements Thyssen devaient employer:

	Tonnes d'acier brut.
A la fabrication des demi-produits .	51 754
— de matériel de voie.	213 670
— de poutrelles. . . .	191 671
Total.	457 095[1]

1. Voir *Bulletin du Comité des Forges*, n° 3 348, p. 22.

Ces chiffres représentant le poids d'acier à employer dans chaque spécialité, il faut, pour la facilité du contrôle, adopter un coefficient de *mise au mille*; par exemple, il est admis que 1 000 tonnes d'acier brut fournissent 840 ou 830 tonnes de rails, suivant que ces rails pèsent plus ou moins de 15 kilogrammes par mètre courant. D'où il résulte que pour obtenir 1 000 tonnes de rails, il faut, dans le premier cas, 1 190 t. 48 d'acier brut et, dans le second cas, 1 204 t. 82.

Les statuts prévoient des coefficients de ce genre pour vingt spécialités.

Ajoutez encore que, pour les ventes en commun, c'est-à-dire pour la règle générale de principe, le règlement s'opère sur des prix de base qui remplissent plusieurs pages des statuts. Mais ils sont corrigés par une série de dispositions de détail très compliquées, par exemple, par un coefficient de situation géographique tenant compte des difficultés de transport. Ainsi Differdange (Luxembourg) était considéré en 1912 comme ayant un désavantage de transport de 4 mark 10 pfennig par tonne pour l'intérieur, de 0 mark 65 pfennig pour l'étranger. Mais ce chiffre ne s'appliquait qu'aux demi-produits. Pour le matériel de voie on comptait 0 sur le marché intérieur et 1 mark 60 pfennig pour l'étranger. Pour les profilés, c'était 0 mark 25 pfennig pour l'intérieur et 1 mark 90 pfennig pour l'étranger[1].

Il y avait d'autres termes correctifs. Les ventes de

____

1. Voir *Bulletin du Comité des Forges*, n° 3348, p. 24.

profilés dans l'Allemagne du Sud devaient se faire avec une majoration de 3 mark par tonne du prix du jour à Diedenhofen (Thionville); dans une autre zone, la majoration était seulement de 1 mark 50 pfennig. Enfin les prix de base ainsi corrigés n'étaient pas les prix définitifs payés aux producteurs syndiqués. Pour obtenir ceux-ci, il fallait, en effet, tenir compte des profits ou des pertes réalisés par le syndicat. On voit que ce n'était pas une besogne simple de calculer le prix de vente d'un produit A par le Stahlwerksverband.

En ce qui concerne les produits B, l'accord de 1912 renonce à en régler directement la vente. Mais il réglemente leur production par un détour. Chacun des adhérents s'engage à ne transformer en produits B qu'une certaine quantité de tonnes d'acier brut. Une fois cette contrainte subie, il vend ses produits B comme il l'entend, parfois même par l'intermédiaire et sous le contrôle d'un syndicat spécial, comme il arrive pour le fil de fer, dont les fabricants sont étroitement groupés dans le *Drahtwalzverband.*

Ces laborieuses combinaisons devaient amener, même en Allemagne, de nombreuses difficultés. Elles suscitaient des oppositions par la complexité des disciplines qu'elles imposaient et, même avant la guerre, le Stahlwerksverband perdait une partie de sa puissance par l'augmentation du nombre des dissidents [1]. Aussi le renouvellement de 1917 n'aurait-il

1. Voir *Circulaire du Comité des Forges,* série générale, p. 810.

probablement pas eu lieu, si le Ministère de l'Économie politique, armé des pouvoirs que nous avons indiqués au sujet du syndicat houiller [1], n'avait agi pour le proroger jusqu'en 1920, sous menace d'organisation d'un syndicat obligatoire [2].

Depuis le 30 juin 1920 le Stahlwerksverband a cessé d'exister ou, du moins, il n'a plus fonctionné que pour la liquidation des commandes arriérées. *L'Eisenwirtschaftsbund*, constitué par le Gouvernement pour réglementer le marché intérieur, paraît être sans action [3]. Cette situation s'explique par le bouleversement de l'ancien équilibre du marché à la suite de la perte de l'Alsace-Lorraine, d'une partie de la Silésie et de la Sarre.

Il ne faut pas perdre de vue, au surplus, que le Stahlwerksverband aurait probablement continué à fonctionner en période normale, s'il avait borné son objet à la vente des produits bruts et de certains produits demi-ouvrés. C'est pourquoi il est vraisemblable que, sur un marché allemand réorganisé, il y aurait place pour un syndicat de l'acier plus restreint dans sa sphère d'action que l'ancien Stahlwerksverband.

Dans la construction mécanique, il existait avant la guerre un très grand nombre de syndicats. Il y en avait pour les machines-outils, pour les moteurs à gaz, pour les grues et machines élévatoires, pour les

---

1. Voir t. I, *Industrie houillère*, Ch. IV.
2. Service d'Informations du Comité des Forges, n° 16, p. 4.
3. *Bulletin du Comité des Forges*, n° 3570.

réservoirs et chaudières, pour la construction mécanique générale, pour les locomotives, pour les wagons. Tous ces syndicats n'avaient pas la même organisation. Les uns atteignaient le degré de concentration très énergique du Bureau de Vente commun; d'autres réglaient simplement la production et les prix. Enfin, un certain nombre d'entre eux étaient, de par la nature de l'industrie à laquelle ils s'appliquaient, des groupements de distribution de commandes et non des syndicats de vente. Les locomotives et les wagons, par exemple, n'étant pas construits d'avance et stockés dans l'industrie européenne, il n'y a pas à régler leur prix de vente ou à fixer la quantité à fabriquer. Mais il est avantageux de traiter collectivement avec le Gouvernement allemand, principal et presque seul client, pour obtenir de lui des commandes régulières et des prix rémunérateurs. C'est ce que fait le syndicat. Il a pu, grâce à la régularité des commandes, assurer à ses membres la fourniture des locomotives et celle des wagons. Une industrie ne saurait se constituer, en effet, pour construire tantôt 1 000 locomotives, tantôt 500 et tantôt 1 500. Si elle se crée en vue du plus bas de ces chiffres, elle se condamne à laisser passer sur le marché extérieur les commandes qui seront en excès de ce chiffre. Si elle a, au contraire, une capacité correspondant au chiffre le plus haut, elle immobilise un outillage important et met en chômage le personnel qui le dessert chaque fois que les commandes sont faibles. C'est un inconvénient dont se sont souvent plaints avec raison nos constructeurs français de matériel de chemins de fer. Au contraire, les constructeurs allemands, assurés d'un aliment régulier et d'une production rémunératrice par le seul fait des commandes nationales, ont pu organiser une exportation profitable.

Les syndicats métallurgiques les ont beaucoup aidés dans cette tâche. Bien qu'ils aient eu surtout pour origine le désir d'organiser le marché national, ils ont été amenés très vite par la force des choses à se préoccuper de trouver des débouchés à l'extérieur. Le marché national étant généralement assez peu extensible, l'équilibre entre la production et la consommation ne peut guère être obtenu sur ce marché que par la restriction de l'activité industrielle. Mais c'est là un remède funeste, parce qu'il amène forcément une augmentation du prix de revient. Au contraire, la conquête de nouveaux débouchés fournis par l'étranger permet d'arriver à l'équilibre en maintenant, parfois même en augmentant sensiblement le tonnage produit. C'est la solution la plus avantageuse et, au fond, la seule qui ait chance de durer sans soulever de vives protestations de la part de la clientèle.

Nous allons donc examiner comment les syndicats métallurgiques allemands ont agi sur l'essor de l'exportation.

3. — L'ACTION DES CARTELLS SIDÉRURGIQUES
SUR L'EXPORTATION.

Les cartells allemands ont souvent pratiqué le *dumping*. Ils ont créé des primes d'exportation. C'est là la partie la plus apparente de leur œuvre, celle qu'on saisit au premier aspect.

Il y en a une autre, moins facilement observable, mais qui a assuré le succès des procédés de *dumping* et de « primes », lesquels auraient bien pu demeurer vains sans son aide. C'est la recherche collective des débouchés, la réclame collective, le travail incessant du syndicat pour développer l'activité de ses adhérents. Nous ne pouvons que renvoyer, pour l'étude de cette politique syndicale, au livre déjà signalé de M. Hauser sur les *Méthodes allemandes d'expansion économique*, et aux travaux si appréciés de M. Georges Blondel qui, depuis de longues années, a suivi pas à pas l'effort persistant de l'industrie allemande.

L'ensemble de ces démarches syndicales, dues à l'initiative des industriels, mais puissamment soutenues par le Gouvernement de l'Empire, est de beaucoup la partie la plus originale de l'organisation des cartells allemands. Car ce ne sont pas eux qui ont eu la première idée du *dumping*. Et ils sont loin d'avoir été les seuls à le pratiquer.

Le *dumping* est d'origine anglo-saxonne. Il consiste, comme on sait, à vendre sur le marché extérieur moins cher que sur le marché intérieur. Cela suppose une distinction tranchée entre ces deux marchés, c'est-à-dire l'existence d'une barrière douanière sérieuse, efficace. C'est un remède très commode en cas d'engorgement momentané. Pratiqué d'une façon permanente, c'est une méthode assez dangereuse et qui peut se retourner contre ses auteurs. Il arrive, en effet, qu'en vendant très bon marché un demi-produit, on fournisse de la matière première à bon compte à un concurrent étranger, qui, à son tour vendra les objets fabriqués avec cette matière première à un prix très bas. M. Hauser cite l'exemple typique des fabricants de clous hollandais qui, alimentés de fil de fer allemand dans des conditions très avantageuses, pouvaient, grâce à cela, lutter avec succès, sur le marché allemand contre les cloutiers allemands. La barrière douanière était insuffisante à compenser le profit que leur assurait le bon marché de la matière première.

Le *dumping* n'est pas non plus d'invention syndicale. Il peut être pratiqué et il a été pratiqué par des industriels isolés. Mais les cartells allemands s'en sont servis avec méthode et en ont tiré, par suite, de meilleurs résultats. Les primes d'exportations établies par eux n'étaient, à vrai dire, qu'une variété, une forme améliorée du *dumping*.

Ces primes étaient importantes. En 1912, le Syndicat Rhénan-Westphalien des houilles accordait à ses clients. . . . .

Par tonne de houille exportée.

—

2 m. 50 pf.

celui des fontes. . . . . 6 m. 25 pf.

— de l'acier. . . . . 15 m. » pf.

— de la machine. . . . . . 11 m. 50 pf.

— des pointes. . . . . . . 16 m. 50 pf.[1]

Les primes ci-dessus indiquées ne s'ajoutaient pas les unes aux autres, celles qui s'appliquaient aux objets usinés comprenant les primes afférentes à la fonte ou à l'acier. Mais elles augmentaient d'importance, comme on le voit, suivant le degré de transformation du produit. Ainsi l'exportation des machines, par exemple, se trouvait très favorisée. En 1909, alors que la locomotive valait, sur le marché français, de 1 fr. 40 à 1 fr. 70 le kilogramme, la prime d'exportation touchée par un constructeur allemand de locomotives égalait 0,25 ou 0,30 le kilogramme. C'était un élément sérieux de succès.

Ces cascades de bonifications permettaient aux constructeurs allemands d'organiser des entreprises collectives d'établissement sur un marché à conquérir. Un syndicat d'exportation de machines allemandes en Extrême-Orient s'était constitué dans ces conditions à Berlin en 1911, avec bureau central technique et

1. H. HAUSER, *op. cit.*, p. 130.

commercial à Shangaï. Et des groupements spéciaux réunissaient les fabricants de rivets, les fabricants de vis et écrous, etc. Du haut en bas de l'industrie métallurgique, alors même que le Stahlwerksverband déclinait, des cartells de spécialités se constituaient, faisaient régner une discipline plus ou moins étendue, mais toujours rigoureuse, et ne perdaient jamais de vue la nécessité de pénétrer toujours plus avant sur les marchés de l'extérieur.

4. — LA MÉTALLURGIE ALLEMANDE APRÈS LA GUERRE.

Nous avons déjà indiqué comment l'Allemagne s'est trouvée privée, depuis la guerre, des importantes ressources de minerai de fer que lui procurait la Lorraine annexée. Elle a perdu aussi quelques gisements silésiens et sa production s'est réduite de 28 à 7 millions de tonnes environ. Elle se procure assez facilement jusqu'ici le minerai étranger qui lui est indispensable. Mais il semble qu'elle se préoccupe actuellement de se rendre indépendante des gisements français en mettant la main sur des mines étrangères. C'est dans ce sens qu'est interprété l'achat récent par Hugo Stinnes de la majorité des actions de l'*Alpine Aktien Montangesellschaft* de Syrie. Les mines de cette société ont une capacité de production annuelle d'environ deux millions et demi de tonnes. Comme elle manquait de coke, Stinnes lui fournira ce dont elle a besoin pour ses hauts fourneaux et conservera pour son *Konzern* l'excédent de l'extraction [1]. Des combinaisons analogues ont été réalisées avec des gisements plus éloignés.

La production de fonte et d'acier s'était assez bien maintenue en Allemagne au cours de la guerre, si nous en croyons les statistiques publiées depuis lors. Nous ignorons, d'ailleurs, si les chiffres relevés comprennent ou excluent le tonnage produit par les usines réquisitionnées des territoires occupés soit en France, soit en Belgique.

PRODUCTION DE FONTE ET D'ACIER EN ALLEMAGNE
PENDANT LA GUERRE

(En millions de tonnes.)

	Fonte.	Acier.
1914	14,3	14,9
1915	11,7	13,2
1916	13,2	16,1
1917	13,1	16,5
1918	11,8	14,9 [2]

Après le traité de Versailles, les chiffres diminuent fortement et donnent :

1. *Bulletin de la Société d'Informations et d'Études économiques*, 19 mars 1921.
2. *Bulletin du Comité des Forges*, n° 3.466.

	Fonte.	*Acier.*
1919	5,6	6,8
1920	(Pas de statistique générale[1])	
1921	»	»
1922	9	9 [2]

Il est difficile de savoir quel est le tonnage actuel des exportations métallurgiques allemandes. Les statistiques officielles de 1922 accusent un léger excédent des exportations sur les importations (154 000 tonnes environ) [3]; mais on compte dans les importations près de 650 000 tonnes de ferrailles et riblons. Si on met à part ces ferrailles, l'excédent de tonnage exporté atteint 700 000 tonnes et, si on ajoute le poids des machines et mécaniques exportées, on arrive à un total de 1 372 000 tonnes [4]. Ce sont évidemment des chiffres très diminués par rapport à ceux d'avant-guerre. Mais si on tient compte de la réduction sensible de la capacité de production métallurgique allemande (environ 69 p. 100), il faut conclure que l'Allemagne a maintenu son exportation à une proportion légèrement supérieure. La chute du mark est probablement pour beaucoup dans l'explication de ce fait.

Il est naturel que les cartells allemands, qui prenaient une si grande part à l'exportation métallur-

1. *Bulletin du Comité des Forges*, n° 3 668.
2. *Bulletin*, n° 3 740.
3. *Id., ibid.*
4. *Id., ibid.*

gique, subissent une crise correspondant à la chute de la production et de l'exportation. Les circonstances générales de la vie économique allemande, ses vicissitudes politiques, l'écroulement du mark, ont ébranlé fortement la discipline des prix, base de l'action des cartells. D'autre part, on peut se demander si les contraintes de détail, rigoureuses, mais difficiles à établir, impossibles à modifier promptement, conviennent à la situation actuelle, qui peut imposer des décisions rapides et des changements profonds. L'ère des cartells, telle que nous l'avons décrite, est sinon fermée, du moins momentanément interrompue. C'est plutôt du côté des fusions plus étroites, des intégrations très accentuées que les Allemands s'orientent en ce moment.

Dès 1920 la *Rhein-Elbe Union*, présidée par Hugo Stinnes et formant déjà une intégration puissante, absorbait successivement les *Bochumer Gussstahlwerke* et s'unissait avec les établissements *Schuckeit*. Le groupe possède 28 hauts fourneaux, extrait 12 millions et demi de tonnes de houille et produit 3 millions de tonnes de coke. Il est intéressé par des participations importantes dans une trentaine de sociétés différentes. Le groupe *Klockner* compte 11 hauts fourneaux, 3 millions de tonnes de houille, 1 million de tonnes de coke. *Thyssen* réunit 18 hauts fourneaux, produit plus de 3 millions de tonnes de houille et près d'un million de tonnes de coke. Autour de *Gutehoffnungshütte* se sont groupés 11 hauts fourneaux, des houillères extrayant plus de 6 millions de tonnes de charbon, des cokeries produisant 1 million et demi de tonnes de coke. Stumm possède 12 hauts fourneaux, extrait près de 2 millions de tonnes de houille. Le groupe *Phœnix* réunit 19 hauts fourneaux, produit près de 5 millions de tonnes de houille et près d'un million de tonnes de coke. *Krupp* possède 18 hauts fourneaux; ses houillères extraient près de 6 millions de tonnes de charbon; ses cokeries livrent près de 2 millions de tonnes de coke. Il ne s'agit donc pas d'un phénomène isolé, d'un exemple curieux par son caractère exceptionnel. C'est un système général, qui englobe la majorité des usines métallurgiques. Pour les seuls hauts fourneaux, 13 sociétés en réunissent 156 [1].

Ce n'est pas tout : les plus importants de ces groupes ont des « communautés d'intérêts », des participations qui les unissent à de grosses entreprises de construction mécanique, à des chantiers navals, à des fabriques de matériel de chemins de fer. Phœnix, par exemple, est lié au chantier naval *Reiherstieg* de Hambourg; Stinnes aux *Nordseewerke* à Emden; Stumm au *Frerigswerft* d'Eimvarden; Thyssen aux établissements *Vulkan*; Krupp aux chantiers *Germania* de Kiel [2].

Ainsi l'industrie métallurgique allemande réalise

---

1. *Bulletin du Comité des Forges*, n° 3 604.
2. *Bulletin d'Informations du Comité central des Armateurs de France*, n° 253.

à tous moments et sans effort, sous cette forme nouvelle, plus énergique que celle des cartells, une concentration qui aboutit à « l'unité de front » dans la lutte économique engagée avec les métallurgies étrangères. On ne saurait trop réfléchir aux conséquences de cette situation. Ce serait, en tous cas, une funeste erreur de croire que l'effacement momentané ou la disparition définitive de certains cartells trahit une dislocation des forces métallurgiques allemandes. C'est uniquement un changement de formation. Au lieu de se grouper horizontalement par industries séparées, les Allemands se groupent horizontalement et verticalement par puissantes unités intégrées. Mais aucun d'eux ne songe à s'isoler.

CHAPITRE IX

Le marché métallurgique américain.

Depuis un demi-siècle, le marché métallurgique américain des États-Unis a passé par deux phases successives bien caractérisées. La première a été celle du protectionnisme défensif, la seconde celle du protectionnisme offensif.

Il n'est entré dans la deuxième phase que grâce à une extrême concentration, qui a fourni au protectionnisme offensif un organisme et des moyens d'action qui lui étaient indispensables.

1. — LE MARCHÉ MÉTALLURGIQUE AMÉRICAIN ET LE PROTECTIONNISME DÉFENSIF.

Avant la guerre de Sécession, la métallurgie américaine était peu développée et ne pouvait guère l'être, malgré les gisements de minerais et les mines de houilles à coke que possédaient les États-Unis. Le taux très élevé des salaires ne lui permettait pas de produire au prix de revient de la métallurgie anglaise et il ne pouvait pas être question, à cette époque, de compenser cette cause d'infériorité par une plus grande perfection des méthodes techniques, notamment par un recours plus fréquent et plus intense au travail mécanique. L'état élémentaire de l'industrie s'opposait à cette solution. D'autre part, le prix élevé de la main-d'œuvre tenait à des conditions économiques générales qu'il n'était au pouvoir de personne de modifier. Dans un pays neuf, offrant à tout venant d'inépuisables ressources, mettant à la disposition des immigrants étrangers, comme des Américains de naissance, une quantité de terres suffisante pour assurer la vie d'un ménage d'agriculteurs et de nombreux enfants; dans un pays où il était si facile d'être son propre maître, de travailler à son compte; où, d'ailleurs, une partie importante de la population était socialement capable de mettre à profit ces avantages économiques, personne ne pouvait consentir à louer ses services autrement que pour un gros prix. L'élévation des salaires était donc la rançon même des facilités d'établissement qui ont attiré aux États-Unis de si nombreux immigrants.

Pour permettre à l'industrie métallurgique américaine de naître et de s'organiser, il fallait l'isoler des concurrences qui faisaient obstacle à son existence. Il en était de même, au surplus, pour l'industrie textile et pour toutes les fabrications. Le triomphe du Nord industriel sur le Sud agricole, exportateur de produits riches, aboutit précisément aux mesures protectionnistes renforcées qui obtinrent ce résultat et jetèrent les fondements de la puissance industrielle des États-Unis.

Au début et jusque vers la fin du siècle, cette politique eut pour effet de faire payer à la clientèle américaine, pour ses achats métallurgiques, des prix beaucoup plus élevés que ceux qu'elle aurait pu obtenir si les produits similaires européens avaient été admis en franchise sur le territoire américain, ou même s'ils avaient pu y pénétrer en acquittant des droits d'entrée modérés. Toutefois, cette différence de prix entre les fabrications américaines et les fabrications européennes allait en s'atténuant, bien que les Américains continuassent à payer des salaires beaucoup plus élevés.

C'est que l'emploi des moyens mécaniques était beaucoup plus développé aux États-Unis. Là-dessus les témoignages abondent. La délégation ouvrière française envoyée à Chicago au moment de l'exposition de 1893 faisait ressortir presque à chaque page de son Rapport l'énorme avance de l'industrie américaine à ce point de vue [1]. Elle était due, sans doute, à l'ingéniosité des ingénieurs et contremaîtres américains, mais aussi à ce fait que l'avantage des procédés mécaniques était plus marqué aux États-Unis qu'ailleurs,

1. Voir *Rapport de la Délégation des Syndicats ouvriers de Paris* 1893. Voir aussi l'ouvrage de M. E. LEVASSEUR sur *L'Ouvrier américain.*

précisément à cause du taux élevé des salaires. Quand l'emploi d'une mécanique quelconque permettait de supprimer un ouvrier pendant une journée, l'économie réalisée était d'environ 15 francs aux États-Unis et d'environ 5 francs en Europe. Les Américains touchaient donc, en quelque sorte, une prime de 10 francs.

Peu à peu, par l'effet répété et étendu de ces économies de production, de ces *labor saving appliances*, les métallurgistes des États-Unis parvinrent à pratiquer pour la vente de leurs produits des prix très rapprochés des prix européens, parfois même inférieurs. Le jour où ce résultat fut atteint dans son ensemble, le jour où la métallurgie américaine fut capable de lutter à conditions égales, sans aucun *handicap*, avec la métallurgie européenne, le protectionnisme défensif avait achevé son œuvre. Il n'avait plus de raison d'être.

Mais les hommes politiques n'eurent probablement pas conscience de cette évolution. Elle n'était pas, d'ailleurs, très apparente, parce qu'en fait, si la métallurgie américaine était capable de concurrencer ses rivales d'Europe, elle n'envahissait guère les marchés étrangers. Elle suffisait à peine aux besoins du marché national des États-Unis, dont la consommation s'accroissait avec une extrême rapidité. D'une façon générale, jusqu'au commencement du présent siècle, les États-Unis absorbent plus de produits métallurgiques que leur industrie nationale ne peut en fournir. Exceptionnellement, un excédent menaçant d'engorger le marché national était jeté sur un marché étranger par un *dumping* hardi et inattendu, qui amenait un désarroi passager. On citait vers 1898 une certaine fourniture de profilés américains à l'entrepieneur chargé de construire à Londres un chemin de fer souterrain. A un autre moment, le Pays de Galles avait subi une invasion de billettes américaines. Mais c'étaient là des phénomènes isolés et temporaires. D'autre part, l'Amérique demandait encore en 1907 à l'Angleterre près d'un demi-million de tonnes de fonte (490 000 tonnes) et, dans un discours de cette époque, le célèbre métallurgiste américain Carnegie déclarait que ses collègues et lui se souciaient peu du marché extérieur.

Tout a changé depuis lors. Nous savons quel rôle considérable les États-Unis ont joué au cours de la guerre dans l'approvisionnement des pays alliés en acier brut et en produits métallurgiques de toutes sortes. Leur production est de beaucoup la première du monde. Leur exportation s'est organisée et envahit de nombreux marchés. L'isolement ancien du marché américain tend à disparaître de plus en plus et le protectionnisme auquel les États-Unis demeurent fidèles n'a plus pour effet de les défendre contre la concurrence; c'est une arme offensive pour la lutte sur le marché extérieur.

Nous allons préciser cette situation en examinant ce qui se passe à chaque stade de l'opération métallurgique.

La production de minerai de fer des États-Unis a beaucoup varié depuis la guerre par suite des événements de guerre, d'abord; par suite aussi de la crise générale de 1921. Mais si nous exceptons la dépression de cette année extraordinaire, au cours de laquelle les États-Unis n'ont extrait qu'une trentaine de millions de tonnes, la production de minerai de fer a oscillé depuis dix ans entre 61 et 75 millions de tonnes. Elle paraît se régler sur les besoins du marché national, Quatre fois au cours des dix dernières années, les États-Unis ont exporté une quantité relativement faible de minerai de fer [1]. Mais le plus souvent, les gisements américains sont insuffisants pour l'activité métallurgique du pays. Voici les excédents d'importations sur les exportations relevés dans les statistiques officielles :

1912	900 000 tonnes.
1913	1 552 618 —
1914	798 970 —
1915	632 640 —
1916	138 000 —
1920	128 419 —
1922	538 269 — [2]

L'exportation, comme l'importation américaines de minerais de fer apparaissent plutôt comme des

1. Excédent des exportations sur les importations de minerai de fer aux États-Unis :

1917	170 000 tonnes.
1918	468 000 —
1919	520 000 —
1921	124 000 —

2. V. *Circulaire du Comité des Forges*, série générale nᵒˢ 536 et 815, *Bulletin du Comité des Forges*, nᵒˢ 3 448 et 3 734.

appoints de régularisation. Les hauts fourneaux des États-Unis ont besoin de certaines qualités complémentaires de minerais qu'ils se procurent à l'étranger, et voilà la cause ordinaire des importations. Les exportations correspondent en général à des périodes de dépression métallurgique. Il ne faut donc y voir aucune indication dans le sens d'une invasion des marchés extérieurs. Les métallurgistes américains préfèrent sans doute conserver leurs réserves de minerais.

Rien de bien dessiné non plus sur le marché des fontes. La production est considérable. Elle oscille autour d'une trentaine de millions de tonnes, sauf en 1921, où elle tombe au-dessous de 16 millions. A part cette année exceptionnelle, où les importations de fonte dépassent les exportations de 16 211 tonnes, c'est toujours le contraire qui a lieu et, sans tirer argument des exportations de fontes du temps de guerre, qui avaient un caractère extra-commercial, il y a une tendance vers une augmentation de cet excédent d'exportations, comme on peut s'en rendre compte par les chiffres suivants :

Excédents d'exportations de fontes américaines.

1912.	153 253 tonnes.
1913.	129 262 —
1914.	20 688 —
1915.	136 953 —
1916.	655 000 —

1917.	832 000 tonnes.
1918.	
1919.	219 596 —
1920.	402 772 —
1922.	373 397 — [1]

Mais le mouvement est peu accentué. Ce n'est pas sous cette forme que les États-Unis ont intérêt à organiser leur exportation métallurgique.

Avec l'acier, au contraire, l'importance de l'exportation commence à s'affirmer. La production est en temps normal du même ordre de grandeur que celle de la fonte, environ une trentaine de millions de tonnes, sauf en 1921, où elle tombe au-dessous de 20 millions de tonnes [2]. Mais de 1916 à 1920 elle dépasse presque constamment 40 millions de tonnes, pour atteindre 45 millions en 1917. Les exportations d'acier brut et de demi-produits s'enflent aussi d'une façon démesurée pendant cette période. Malgré leur caractère spécial et les circonstances extraordinaires dans lesquelles elles ont eu lieu, il faut pourtant noter leur importance. Elle marque, en effet, la puissance de l'effort pour lequel la métallurgie américaine est dès à présent outillée.

---

1. *Circulaire du Comité des Forges*, série générale n° 536, *Bulletin du Comité des Forges*, n°ˢ 3 448 et 3 734.

2. La production de l'acier tend à dépasser celle de la fonte à cause de la prépondérance croissante de l'acier Martin dans la fabrication des États-Unis. L'acier Martin représentait les deux tiers du total en 1912 (20 800 000 tonnes contre 31 251 000 tonnes). En 1922, il représentait les quatre cinquièmes (V. *Bulletin du Comité des Forges*, n° 3 665).

PRODUCTION ET EXPORTATION D'ACIER
AUX ÉTATS-UNIS
(En millions de tonnes.)

	Production.	Exportation [1].
1912	31,2	
1913	31,3	2,4
1914	23,5	1,4
1915	32,1	3,2
1916	42,7	3,7
1917	45	3,5
1918	44,4	
1919	34,6	
1920	40,8	4
1921	19,7	1,7
1922	35,6	1,5 [2]

Il convient de noter que l'effort de l'exportation
métallurgique américaine se dirige de préférence, depuis
plusieurs années, vers l'Extrême-Orient et surtout vers
le Japon. En 1913, le Japon recevait seulement 48 000
tonnes d'acier brut et de demi-produits des États-
Unis. Ce chiffre a passé à 490 100 tonnes en 1917;
à 568 000 tonnes en 1918; à 606 400 tonnes en 1919;
à 613 813 tonnes en 1920[3]. C'est surtout au détriment

1. Ces chiffres comprennent les demi-produits, le fil machine,
les barres rails, tôles, fil d'acier, fer blanc, etc.
2. *Bulletin du Comité des Forges*, n° 3 734.
3. Voir *Bulletin du Comité des Forges*, n° 3 526. En 1922, pendant
les 10 premiers mois, le Japon a importé plus de 1 300 000 tonnes
de produits métallurgiques (*Commercial Reports*, Washington,
January 29, 1923).

de l'Angleterre que s'accomplit ce progrès constant. En 1913 elle exportait au Japon 183 800 tonnes, soit 4 fois plus que les États-Unis. En 1919, elle exportait 60 300 tonnes, soit dix fois moins que les États-Unis. C'est une menace sérieuse.

Le mouvement de l'exportation américaine est plus accentué encore en ce qui concerne les machines de toutes sortes. Ces machines, à condition de les construire en très longues séries, peuvent concurrencer avantageusement les machines similaires étrangères. Et la très grande importance de la consommation nationale permet de les construire en très longues séries. Il ne faut pas oublier que les États-Unis ont un réseau de chemins de fer plus important que ceux de l'Europe entière réunis (410 918 kilomètres en 1913 contre 346 235 kilomètres); que leur industrie houillère est la plus considérable qui soit et représente environ 38 p. 100 de la production mondiale; que leur métallurgie occupe dans le monde une situation au moins égale; que le travail mécanique est plus développé dans toutes leurs industries que dans les industries similaires européennes; que le même phénomène se retrouve plus intense encore dans leur agriculture. Quelle précieuse clientèle un pays de ce genre ne fournit-il pas aux constructeurs mécaniciens! Et assurés de cette base nationale, quelles entreprises ces constructeurs ne peuvent-ils pas imaginer pour concurrencer les constructeurs d'Europe sur les marchés étrangers!

Dans son ensemble, au surplus, l'exportation métallurgique américaine tire l'origine de sa puissance de la production énorme dont le marché national lui assure l'écoulement. Elle demeure donc surtout une industrie nationale. Et l'effort nécessaire pour organiser l'exportation n'est pas à la portée de tous les métallurgistes. En fait, le Trust de l'Acier est le grand et, pratiquement, le seul exportateur, parce qu'il dispose seul des moyens d'action nécessaires pour cette opération à longue portée.

Dès avant la guerre il en était ainsi. Pour les rails, par exemple, le Trust avait exporté en 1913 un tonnage de . . . . 2 233 570 tonnes.

Les exportations totales de rails
s'élevaient à. . . . . 2 268 575   —

En 1914, exportations de rails
et produits finis par le Trust . . . 1 144 214   —

Totales. . . . . 1 342 517   —

En 1915, le Trust fait pour
les mêmes articles . . . . 2 429 739   —

Les exportations totales sont de 2 639 594[1]   —

Après l'entrée des États-Unis dans la guerre, le Trust continue à être le grand exportateur[2] et nous le retrouvons après la guerre jouant le même rôle.

---

1. *Circulaire du Comité des Forges,* série générale n°ˢ 536 et 812.

2. *Bulletin du Comité des Forges,* n° 3448.

2. — LE TRUST DE L'ACIER.

Au moment d'étudier le Trust de l'Acier, une observation préliminaire s'impose. Jusqu'ici, nous avons pu distinguer sans difficulté la concentration qui a ses origines dans des causes d'ordre technique de celle due à des causes d'ordre économique. Elles n'avaient pas, en effet, le même organe. La concentration pour causes techniques aboutissait à la grande entreprise, à la fusion, à l'intégration ; elle était purement industrielle, par conséquent. La concentration pour causes économiques aboutissait au cartell, au pool, au comptoir, à l'entente sous ses diverses formes ; elle était purement commerciale.

Avec le *trust*, nous nous trouvons en face d'un organisme qui confond et absorbe en lui les deux formes de la concentration. C'est de la concentration industrielle, puisqu'il y a fusion complète, à tous points de vue et pour toutes fins, d'entreprises autrefois distinctes. Mais l'union d'une grande quantité d'établissements, dont plusieurs sont situés à de très grandes distances les uns des autres, ne peut pas présenter les avantages d'ordre technique que l'on attend d'ordinaire de la fabrication en grand ou de l'intégration. Il ne saurait être question d'économies de combustible ou de force motrice résultant de l'acquisition, par une grande société métallurgique de Pittsburg en

Pensylvanie, de hauts fournaux ou d'aciéries dans l'Alabama. En général, tous les avantages techniques résultant de la concentration horizontale ou verticale ont déjà été réalisés de part et d'autre, par l'entreprise acquérante et par l'entreprise acquise. C'est donc un autre ordre d'avantages que l'on recherche. Ce sont, en premier lieu, les avantages financiers de l'intégration. Ce sont, en second lieu, les avantages commerciaux résultant de l'énormité même du volume des transactions et permettant à la fois une action puissante sur le marché intérieur et une offensive efficace sur les marchés extérieurs.

Le *trust* offre donc des aspects divers que l'on aurait beaucoup de peine à analyser si on n'avait préalablement étudié des phénomènes moins complexes. Il convient de les distinguer soigneusement quand on se préoccupe de rattacher les effets aux causes, c'est-à-dire de comprendre l'enchaînement des faits observés. Mais cette distinction n'est pas toujours facile.

Rappelons aussi, pour éviter toute confusion, que le mot *trust* a, dans la langue américaine, plusieurs acceptions qui donnent lieu à de constantes méprises.

Il signifie tout d'abord confiance et, par extension, fidéi-commis. Une banque administrant la fortune d'orphelins, de veuves, de certaines collectivités ou de certains particuliers, se qualifie souvent de *trust-bank* ou de *trust* tout court. Voilà un premier sens à écarter complètement dans l'étude du sujet qui nous occupe.

Il y en a un second, beaucoup plus dangereux, parce que beaucoup plus proche de celui auquel nous nous référons, c'est celui du monopole de fait. Les premiers trusts américains étaient des monopoles ou tendaient au monopole. Lorsqu'en 1896, le Musée Social voulut bien me charger d'une enquête sur les trusts aux États-Unis, je fus amené à intituler l'ouvrage qui résumait cette enquête : *Les industries monopolisées aux États-Unis*. Et je m'efforçais de faire ressortir que partout où, en fait, le monopole avait été réalisé, par le Trust du Pétrole, par exemple, ou par le Trust du Sucre, il y avait eu mainmise, directe ou indirecte, sur une parcelle de l'autorité publique. Ce n'était pas uniquement le jeu des forces économiques qui avait permis la monopolisation; c'était, dans un cas, la complicité de compagnies de chemins de fer, concessionnaires sans contrôle d'un service public; dans l'autre, la subordination de tarifs douaniers à l'intérêt privé d'une entreprise corruptrice; toujours, par conséquent, l'autorité publique mise au service d'un intérêt privé, soit par la négligence ou l'aveuglement des gouvernants, soit par leur improbité [1].

Mais les trusts monopolisateurs ont disparu depuis plusieurs années sous la réprobation de l'opinion publique. De longues et terribles campagnes ont été menées contre eux. Des lois multiples ont été votées

---

1. V. *Les industries monopolisées aux États-Unis*, 1896. V. aussi dans *Les syndicats industriels de producteurs*, 2e éd., 1912, p. 88 : *Les éléments anormaux du trust*.

avec un manque de clairvoyance remarquable et ont obligé les magistrats à poursuivre d'honorables industriels pour des combinaisons favorables aussi bien à l'intérêt général qu'à leur intérêt propre. L'ensemble des *anti-trusts laws* est un monument d'impéritie législative, d'ignorance économique, de nervosité parlementaire et de fantaisie juridique. Il a gêné d'utiles initiatives. Il n'a porté aucun remède à la situation. Heureusement qu'une action parallèle, parfois inspirée par des préoccupations analogues, parfois d'origine tout à fait différente, tendait, d'une part à l'organisation d'un contrôle fédéral sur les chemins de fer, d'autre part à l'assainissement des milieux parlementaires. Le contrôle des chemins de fer par l'État fédéral a fait cesser les *discriminations* ou traitements de faveur de toutes sortes, au moyen desquels les rois des transports favorisaient leurs amis, rançonnaient indirectement tous les concurrents de ces amis, parfois nuisaient directement et volontairement à leurs adversaires. Ainsi tous les Américains se sont trouvés égaux devant le chemin de fer, ce qui a été une grande nouveauté. L'assainissement des milieux parlementaires a été dû au fait que les Américains ont renoncé à la fâcheuse pratique du siècle dernier, qui consistait à abandonner la politique aux politiciens, sous prétexte qu'on gagnait plus d'argent en travaillant à ses propres affaires qu'on n'en économiserait en travaillant aux affaires publiques. Ce raisonnement médiocre pouvait s'excuser pendant une période de début, où il s'agissait d'assurer d'abord la vie matérielle d'un pays neuf. Mais à mesure que les complications mêmes des intérêts privés amenaient forcément des interventions plus nombreuses de l'autorité publique, ses inconvénients pratiques, sans parler des autres, devenaient intolérables. Les plus éclairés parmi les braves gens ont compris alors qu'il fallait faire une rentrée dans la politique. Les milieux universitaires ont beaucoup contribué à ce mouvement, dont Roosevelt fut un des chefs, et ce n'est pas un pur hasard que la présence d'*University men* à la tête de beaucoup d'États ou parmi les membres du Congrès. Le Président Wilson se rattachait, comme on sait, à cette origine.

Ainsi, les intérêts publics se trouvant entre les mains de gens assez éclairés et assez honnêtes pour les défendre efficacement, il a été beaucoup plus difficile de les confondre abusivement avec les intérêts privés. Les racines du trust monopolisateur se sont ainsi trouvées coupées. Et la défense contre ses méfaits, organisée à grand éclat par des lois sans nombre, s'étant révélée impuissante, c'est ce remède indirect, mais radical, qui a seul agi.

Bien entendu, il n'a porté aucune atteinte au mouvement normal de concentration croissante dont nous connaissons les causes. Il en est résulté que les Américains ont continué à voir se créer et se développer de puissants organismes, qui continuent à s'appeler des trusts, parce qu'ils ont à leur tête, comme les anciens, de grands capitaines d'industrie, parce qu'ils atteignent des dimensions surprenantes, mais qui ne cherchent plus à monopoliser, ayant découvert qu'il n'était plus aisé d'y réussir et qu'il y avait, d'autre part, mieux à faire. C'est précisément un de ces trusts actuels, et un des plus puissants, que nous avons à examiner. Nous pourrons, par l'analyse de cet exemple, déterminer le vrai sens, la portée exacte du phénomène du trust dans sa physionomie contemporaine.

Le Trust de l'Acier (*United States Steel Corporation*) a été constitué le 20 mars 1901 par une fusion de trusts qui présentaient un double caractère. Chacun d'eux s'était spécialisé dans une branche de la métallurgie où il occupait une situation prépondérante : les tôles, les fils de fer, les tuyaux métalliques, le fer blanc, l'acier demi-ouvré, les lamelles. Mais, en plus, chacun d'eux constituait une intégration et n'aboutissait au produit dans lequel il se spécialisait qu'après lui avoir fait subir lui-même toutes les transformations nécessaires à partir de la matière première.

Cependant, une des entreprises englobées dans le nouveau trust, plus exactement celle qui paraît avoir joué le rôle prépondérant dans sa fondation, la *Federal Steel C°*, était moins étroitement spécialisée que les autres. Mais elle offrait un degré élevé d'intégration. Avec ses 200 millions de dollars de capital, elle s'était rendue maîtresse de toutes les actions de quatre grandes compagnies métallurgiques, la *Minnesota Iron C°*, l'*Illinois Steel C°*, la *Lorain Steel C°* et la *Elgin Joliet and Eastern Railroad C°*. Elle possédait non seulement 9 000 hectares de concessions houillères, 2 400 fours à coke, des hauts fourneaux, des aciéries, des trains de laminoirs produisant 33 p. 100 des rails américains, mais des mines de fer, des chemins de fer, une flotte, des ports, des docks, de façon à assurer le transport de ses matières premières [1].

La *National Steel C°* était une intégration s'arrêtant à l'acier demi-ouvré. Elle ne produisait que 18 p. 100 de l'acier américain fabriqué à cette époque; mais elle détenait une proportion beaucoup plus forte de l'acier en billettes et barres jeté sur le marché. N'ayant affaire qu'à une clientèle de métallurgistes qui poussaient la transformation jusqu'au produit fini, elle s'était assuré cette clientèle par un jeu compliqué de participations dans leurs usines. Le Trust du fer blanc et elle avaient un bon nombre d'administrateurs communs. En somme, c'était un trust de l'acier demi-ouvré, rattaché déjà par des liens solides à d'autres établissements métallurgiques [2].

La *National Tube Company* était un trust de la tuyauterie de fonte, de fer et d'acier, organisé deux ans auparavant par John Pierpont Morgan. Il avait deux rivaux puissants; mais il conservait le pas sur eux par la puissance de son intégration [3].

---

1. V. pour plus de détails *Les syndicats industriels de producteurs*, 2ᵉ éd., p. 49 à 52, et le *Report of the Industrial Commission*.
2. *Id., ibid.,* p. 53 à 55.
3. *Id., ibid.,* p. 55 et 56.

L'*American Steel and Wire C°* constituait un trust du fil de fer, occupant dans cette spécialité une position plus forte que le trust précédent dans la tuyauterie. Lui aussi avait été créé par J. P. Morgan, en 1899. Avec la *Federal Steel C°*, il formait le groupe Morgan; sa production représentait une forte proportion de celle du fil de fer, 65 à 90 p. 100 de celle des clous, 80 p. 100 de celle de la « machine », matière première du fil de fer, la presque totalité des fils de clôture. L'intégration était loin d'être complète; la société produisait seulement la moitié de l'acier nécessaire à sa fabrication[1]. Elle ne possédait pas de flotte pour assurer ses transports sur les Grands-Lacs. Mais elle avait de sérieuses intelligences dans les compagnies d'armement qui les possédaient et les exploitaient.

L'*American Tin Plate Company* était un trust du fer blanc créé par le juge Moore, comme celui du feuillard et des lamelles *(American Steel Hoop Company)*. Avec la *National Steel C°*, ces trusts constituaient le groupe Moore[2].

C'est par l'union du groupe Moore et du groupe Morgan avec la Compagnie Carnegie qu'a pu être réalisée la grande combinaison du Trust de l'Acier.

Carnegie occupait alors dans la métallurgie américaine une situation exceptionnelle. Il avait été le grand organisateur des ententes métallurgiques sous

---

1. *Les syndicats industriels de producteurs,* 2ᵉ éd., p. 55 à 58.
2. *Id., ibid.,* p. 58 à 68.

leur première forme [1]. Il était toujours sorti avec profit et sensiblement plus puissant de toutes les vicissitudes funestes ou favorables qui en avaient marqué l'existence. Il possédait 16 000 hectares de concessions houillères, produisait 5 millions de tonnes de minerai de fer, exploitait 11 652 fours à coke, 19 hauts fourneaux, 8 convertisseurs Bessemer et 56 fours Martin, 34 trains de laminoirs, etc., occupant régulièrement 50 000 ouvriers. On ne pouvait rien tenter sans lui ni contre lui, en matière de combinaison métallurgique. Le 11 février 1901 il s'entendait avec J. P. Morgan et le 20 mars suivant l'accord du groupe Moore permettait de fonder l'*United States Steel Corporation*, au capital de près d'un milliard de dollars 900 millions). Le Trust de l'Acier était créé; il devait accroître encore sa puissance.

A cette époque, la physionomie actuelle du Trust ne s'était pas encore dégagée. Le souvenir des anciens trusts monopolisateurs pesait sur les États-Unis; leurs abus n'avaient pas entièrement disparu. On pouvait donc redouter une tentative de ce genre de la part de l'unité colossale qui venait de se constituer [2]. D'autre part, il était permis de s'effrayer des procédés de capitalisation employés par les fondateurs du Steel Trust, par les financiers qui l'organisaient. En deux mots, le capital du Trust représentait pour moitié

1. V. *Les industries monopolisées aux Etats-Unis.*
2. Cette crainte est très apparente encore en 1912. V. *Les syndicats industriels de producteurs*, 2ᵉ éd., p. 45 et suivantes.

une valeur réelle acquise, pour moitié une espérance
de profit. La moitié du capital, émise en actions de
préférence, correspondait au prix d'achat des usines,
établissements et biens de toutes sortes appartenant
aux différents trusts désormais unis. L'autre moitié,
émise en actions ordinaires, correspondait à la valeur
escomptée que prendraient ces biens par le fait de
la combinaison nouvelle. Par exemple, le prix auquel
telle des grandes entreprises indiquées ci-dessus était
rachetée s'élevait à 100 millions de dollars. On lui
remettait 100 millions de dollars d'actions de préférence, plus 100 millions de dollars d'actions ordinaires.
On escomptait par avance que ce trust doublerait
de valeur par suite des *economies of combination*,
par suite du profit supplémentaire dont la concentration serait la source. C'était un calcul au moins hardi.
Il ne fut pas justifié par les résultats des premières
années [1]. Et cela encore était de nature à fortifier les
appréhensions.

Après vingt ans d'expérience, il faut reconnaître que
ni l'une ni l'autre des prévisions fâcheuses qui avaient
cours au début ne se sont réalisées. Le Steel Trust est
de moins en moins suspect de monopolisation, puisqu'il représente une part plus modeste qu'autrefois
de la production métallurgique américaine. Et cependant, il a grandi en importance absolue; sa situation
financière est de premier ordre et il a rémunéré largement le capital qu'on l'accusait d'avoir dilué.

1. *Les syndicats industriels de producteurs*, p. 69.

Au moment de sa fondation, le Steel Trust passait pour englober à peu près les deux tiers de la métallurgie américaine [1]. Depuis lors, malgré quelques absorptions importantes, cette proportion est allée en diminuant. Voici quelques chiffres relevés à différentes époques :

Part proportionnelle du « Steel Trust » dans la métallurgie des États-Unis.

	Minerais.	Fontes.	Lingots d'acier.
1908	46,3 p. 100	43 p. 100	57 p. 100
1916	41 —	44,6 —	50 —
1919	42,1 —	44 —	50,3 [2]

Quand on réfléchit qu'un cartell allemand se considère comme incapable d'accomplir sa tâche s'il ne réunit pas au moins 90 p. 100 de la production, il faut bien convenir que le succès du Trust de l'Acier n'est pas dû à l'influence qu'il exerce sur le marché. Cette influence existe ; mais elle ne le rend pas maître des prix de vente. Il faut donc chercher ailleurs les causes de son succès.

Car ce succès est réel. Non seulement l'United States Steel Corporation rémunère tout son capital, mais elle sait quelle est la source de ses profits et elle n'en fait pas mystère. Dans sa déposition des 1er-2 juin 1911, le juge Gary, président du Trust, s'exprimait ainsi :

---

1. On estimait même parfois cette absorption à 73 p. 100.
2. *Bulletin du Comité des Forges*, nᵒˢ 3448 et 3526.

« Les avantages de la combinaison sont ceux qui résultent de l'importance de son capital, du talent d'organisation de ses directeurs, de ses disponibilités d'argent considérables. En fait, les entreprises agrégées ont besoin d'un capital moitié moindre de celui qu'il leur faudrait si elles étaient indépendantes l'une de l'autre ». En faisant la part de l'exagération, du *bluff*, il reste que ces grandes combinaisons, quand elles sont bien menées, peuvent l'être avec un capital d'exploitation proportionnellement moins important que celui de leurs concurrentes isolées. C'est le bénéfice constaté d'une sage intégration, Mais, comme nous l'avons déjà remarqué, c'est une économie d'ordre financier, non d'ordre technique. Il n'en est pas moins vrai qu'elle exerce une action très heureuse sur le prix de revient. C'est en produisant à meilleur marché et non en vendant plus cher que le Trust assure son triomphe. Tout le monde y trouve son compte, la clientèle s'en réjouit et la situation du Trust s'affermit.

Comment use-t-il de cet accroissement d'influence? Ses adversaires soutiennent qu'il l'emploie à de nouvelles conquêtes. Le Trust ne peut pas opposer un démenti formel; mais il explique que si, au cours de la crise grave de 1908, il s'est adjoint la *Tennessee Coal Iron and Railroad Cⁱᵉ*, c'est que c'était le seul moyen d'apporter un apaisement nécessaire aux créanciers de cette société. Au surplus, avant de donner son accord à cette combinaison, le Trust avait tenu à consulter le Président Roosevelt alors en fonctions à la Maison-Blanche, et c'est sur son avis, et après consultation du ministre de la Justice, que l'opération a été faite. Les représentants les plus autorisés des pouvoirs publics ont donc été garants qu'elle était conforme à l'intérêt général [1].

Ce qui est certain, c'est que le lien étroit qui unissait ensemble les divers éléments du Trust et les liens plus lâches établis par entente entre le Trust et les non adhérents ont permis en 1908 la réduction de la production, sans bouleversement des marchés. En rachetant la Tennessee C°, le Trust a empêché le désastre financier de s'aggraver; en organisant une réduction momentanée de la production, il a évité une crise terrible à la métallurgie américaine. Il s'est trouvé que les mesures prises ont été favorables au Trust au moins autant qu'à ses concurrents; mais cela n'a rien d'anormal, puisqu'il représentait lui-même une forte proportion des intérêts qu'il s'agissait de protéger.

Dans le même ordre d'idées, au moment où des circonstances exceptionnelles amenèrent le gouvernement des États-Unis à établir une fixation officielle des prix pour la période de guerre, en 1917, le président du Trust, R. H. Gary, prit une part prépondérante dans la détermination des taux appliqués et dans l'élaboration des règles à observer [2].

1. Voir le récit de l'affaire dans l'*Iron Age*, 8 juin 1911, p. 1 405 et 1 406.

2. Article de l'*Iron Trades Review* de janvier 1919.

Cependant, le 16 mai 1911, la Chambre des Représentants avait adopté une motion tendant à organiser une enquête spéciale sur les agissements du Steel Trust [1]. Des poursuites judiciaires furent même entreprises et, le 3 juin 1915, la Cour fédérale de Trenton rendait un arrêt déclarant que le Trust n'avait pas poursuivi un but de monopolisation et refusait de le dissoudre, comme le demandait le Gouvernement des États-Unis [2]. La Cour suprême confirma cet arrêt et précisa que le Steel Trust n'avait en aucune façon entravé la liberté des échanges. Par une initiative sans précédent, le Département fédéral de la Justice demanda à la Cour suprême une nouvelle instruction de l'affaire (28 avril 1920); mais la Cour suprême débouta de sa demande le Département fédéral de la Justice. L'acharnement dont témoigne cette attitude du Gouvernement fédéral tient au caractère politique qu'avait pris la lutte contre les trusts. C'était une *platform* électorale et cela en raison d'abus certains commis par les trusts monopolisateurs. Comme il arrive d'ordinaire dans les luttes politiques, une part de justice et de vérité se mêlait à une passion incapable de démêler ce qu'il y avait de normal et d'artificiel, d'heureux et de funeste dans les événements. Une méconnaissance générale de la situation, une ignorance sûre d'elle-même, parce que mal informée, et

1. *Bulletin d'Informations du Comité des Forges*, 15 juin 1911, p. 178.
2. V. *Circulaire du Comité des Forges*, série générale, n° 649.

pourtant constamment informée, rendaient l'opinion publique intraitable sur ce sujet. En somme, le Steel Trust portait la peine de la mauvaise réputation donnée aux trusts par ceux qui en avaient fait un instrument d'oppression économique.

Mais des juges impartiaux et éclairés ne pouvaient pas confirmer cette méprise. Ils l'ont au contraire dissipée, se rendant compte que le nouvel organisme tirait sa force de la concentration qu'il avait réalisée, sans porter atteinte à la liberté du commerce.

On comprend maintenant que le Trust de l'Acier, si fortement établi, qu'il s'est assuré sur le marché intérieur une place prépondérante sans recourir à aucun artifice abusif, puisse exercer sur le marché extérieur le rôle auquel nous avons déjà fait allusion.

Si le Trust est, en pratique, le seul exportateur métallurgique des États-Unis, cela tient au fait que, seul, il est équipé pour cette opération difficile et complexe. Seul, il peut entamer et soutenir la lutte très vive nécessaire pour conquérir une place sur les marchés étrangers en délogeant de puissants concurrents. Trois éléments principaux expliquent son succès; d'abord sa direction unique, qui lui permet une grande promptitude de décision; ensuite sa puissance financière, grâce à laquelle il peut consentir de lourds sacrifices et attendre longtemps les profits qu'il en espère; enfin sa puissance industrielle, qui le met en mesure d'exécuter les plus grosses commandes.

Il y a peu à dire sur son unité de direction. C'est

le but essentiel poursuivi par le Trust et les habitudes américaines lui donnent toute sa valeur.

Sa puissance financière s'est beaucoup accrue depuis sa fondation. Non seulement des absorptions successives, telles que celle de l'*American Bridge C°* et de la *Tennessee*, ont porté son capital à près d'un milliard et demi de dollars; mais les profits réalisés par lui ont été suffisants pour lui permettre de forts amortissements et une large distribution de dividendes à ses actionnaires. En 1916, les profits du Trust avaient été, d'après son bilan, de 201 835 584 dollars, soit de plus d'un milliard de francs, *au pair*. En 1917, malgré de forts prélèvements pour impôts de guerre et en dépit de la fixation officielle et réduite des prix, ils s'élevaient encore à 107 835 584 dollars [1]. Depuis de longues années, et même en 1921, les actions de préférence reçoivent régulièrement les dividendes de 7 p. 100 prévus par les statuts, et les actions ordinaires touchent au moins 5 p. 100, après avoir reçu 8 3/4 p. 100 et 18 p. 100 certaines années.

Quant à la puissance industrielle du Trust, elle s'est accrue en valeur absolue, bien qu'elle ait décru proportionnellement à la production totale américaine. En d'autres termes, la capacité du Trust a grandi moins vite que la capacité totale des usines métallurgiques des États-Unis. Mais elle représente encore de 40 à 50 p. 100 de l'ensemble. Il n'existe au

---

1. *Bulletin du Comité des Forges*, n° 3 448.

monde aucune autre entreprise métallurgique de cette importance.

Le Trust ne se contente pas de posséder ces éléments de supériorité. Il en use. Ses efforts ne tendent pas seulement à s'installer dans les pays nouvellement développés, pour en prendre la clientèle. Il travaille aussi dans la vieille Europe, témoin la fondation de l'*Amstea* (*American Steel Engineering and Automotive Products Company*) créée par le Trust à Berlin, à la suite de la guerre, comme office d'exportation et aussi comme bureau de renseignements sur le marché allemand[1]. L'Amstea, filiale de l'*American Steel Export C°*, de New-York, a elle-même des succursales à Hambourg, Brême, Dresde, Cologne, Munich, Dantzig, Essen, Vienne, Varsovie, Reval et Helsingfors[2].

Ainsi mis en contact avec la clientèle, le Trust peut la tenter par l'importance des crédits qu'il est en mesure de lui offrir. D'après une information de bonne source, le président Gary aurait dit vers 1922 que le Trust pouvait consentir à l'étranger des crédits à long terme jusqu'à concurrence de 20 millions de dollars.

Le Trust de l'Acier paraît avoir des visées plus hautes encore. Au début de 1921, la presse américaine[3] annonçait que l'*American Iron and Steel Institute*

---

1. *Bulletin de la Société d'Informations et d'Études économiques,* n° 298.

2. *Id.,* n° 50.

3. V. *Chicago Tribune* du 27 février 1921.

se disposait à convoquer pour le mois d'octobre une conférence mondiale des producteurs d'acier. Le soin de préparer cette conférence était confié à M. E. H. Gary, président du Trust, et le but poursuivi, ou du moins le but formulé, était de créer un esprit d'amitié et de bonne volonté entre les fabricants d'acier d'Europe et d'Amérique. Le projet n'a pas abouti. Il est possible qu'il soit repris et que, dans un avenir peu éloigné, nous assistions à une tentative de concentration commerciale mondiale de la métallurgie. Mais on n'aperçoit pas comment une pareille tentative s'accommoderait du protectionnisme offensif auquel les Américains ne paraissent pas devoir renoncer de si tôt et dont ils tirent profit pour organiser leur exploitation métallurgique.

Quoi qu'il en soit de l'avenir, il faut signaler, en terminant cette étude du marché métallurgique des États-Unis, quels éléments de succès les Américains ont en mains dans leur lutte contre la métallurgie étrangère. Sans évaluer ce que peut leur apporter d'avantages leur politique protectionniste, il convient d'attacher plus d'importance à ce fait capital que les métallurgistes américains peuvent produire au prix du vieux monde avec des salaires sensiblement plus élevés. C'est là une supériorité réelle, et non artificielle comme les taux d'un tarif de douanes. Elle est, en effet, le résultat d'une méthode de fabrication progressiste. C'est l'emploi du travail mécanique plus généralisé; c'est la concentration industrielle poussée à sa limite utile, qui permettent aux métallurgistes américains des économies de prix de revient capables de balancer la surcharge des hauts salaires. Le Trust de l'Acier agit dans le même sens avec les économies d'ordre commercial et financier que nous avons dites. Voilà qui doit faire réfléchir les métallurgistes des vieux pays.

Il semble donc que le Trust de l'Acier représente une forme supérieure de concentration, qui a un avenir devant elle, alors que les cartells de la métallurgie allemande se renouvellent péniblement, ou disparaissent, ou se maintiennent par l'artifice d'une volonté gouvernementale. Sans vouloir condamner aucun procédé ayant eu son efficacité incontestable et susceptible de résoudre encore certains problèmes de demain, on peut noter que le Trust de l'Acier a surtout agi dans le sens de l'abaissement du prix de revient, alors que les cartells avaient plutôt en vue le maintien d'un prix de vente rémunérateur grâce au maintien de l'équilibre entre la production et la consommation. Ce second but est licite; mais le premier intéresse tout le monde sans exception.

Ceux qui le poursuivent et qui parviennent à l'atteindre travaillent certainement au profit de tous, quelles que soient les circonstances. Leur œuvre a donc forcément un caractère plus général, une efficacité plus large et une plus longue durée.

CHAPITRE X

Le marché métallurgique français.

La métallurgie française a été transformée dans ses procédés, sa technique, comme toutes les métallurgies, par les inventions nouvelles successives de la fonte au coke, du fer puddlé, de l'acier fondu, de l'acier directement obtenu à partir de la fonte, etc. Mais, en plus, certaines de ces inventions ont eu une curieuse répercussion sur sa distribution entre les différentes régions du territoire français. Depuis un siècle, elle a parcouru, à ce point de vue, trois phases distinctes.

Pendant la première moitié du XIXe siècle et jusqu'aux traités de 1860, la métallurgie française était restée partiellement fidèle au charbon de bois pour la fusion du minerai dans le haut fourneau [1]. Sans doute, la fonte au coke était produite en Angleterre depuis 1784; mais la France avait peu de houille et surtout de houille

---

1. En 1864, la fonte au coke représentait les trois quarts seulement de la production française de fonte. V. *La Sidérurgie française,* p. 120.

à coke. Elle possédai* au contraire, un domaine forestier important, correspondant assez bien à la production métallurgique modérée de cette époque. Enfin, des tarifs nettement protecteurs réservaient en pratique la clientèle française aux métallurgistes français et le marché ainsi isolé favorisait la conservation d'un procédé plus coûteux que celui du coke. Par suite, les hauts fourneaux et leurs accessoires se trouvaient dans le voisinage des forêts[1].

A partir de 1860, la substitution du coke au charbon de bois s'est imposée, sauf là où des circonstances exceptionnellement favorables ont permis le maintien de quelques rares hauts fourneaux marchant au bois. Une nouvelle distribution géographique s'est opérée. La grosse métallurgie, qui avait été jusque-là l'accompagnement obligé et comme le corollaire des forêts, a émigré vers les centres houillers susceptibles de lui fournir le coke dont elle avait besoin. Elle s'est concentrée principalement dans la région du Nord, dans celles du Centre et de la Loire. Ce fut la seconde phase.

La troisième phase s'est ouverte depuis que, par suite des économies de combustibles réalisées dans la fabrication de la fonte, en particulier par la récupération des gaz de hauts fourneaux, il faut proportionnellement moins de coke que de minerai dans la composition du lit de fusion. Nous avons déjà expliqué

---

1. En 1864, on comptait en France 430 hauts fourneaux répartis entre 55 départements.

comment ce progrès technique attire le haut fourneau vers la mine de fer. La métallurgie lorraine doit sa fortune récente à ce phénomène.

Toutefois, la nouvelle répartition qui en résulte ne concentre pas tous les hauts fourneaux sans exception dans la région du fer. De même qu'il reste quelques rares témoins survivants de la première phase [1], produisant encore de la fonte au bois; de même, il se trouve un nombre beaucoup plus grand de hauts fourneaux à proximité de la houille. On en a reconstruit plusieurs dans le Nord à la suite de la guerre. Enfin il en existe un certain nombre sur le bord de la mer, grâce aux facilités de transports qui les rendent économiquement voisins des gisements de minerai de fer et des cokeries. Il reste que la majorité de nos hauts fourneaux français se trouvent désormais sur le minerai.

L'étude du marché sidérurgique français nous permettra d'examiner avec plus de précision comment se répartissent sur notre territoire les divers éléments de la production métallurgique.

1. — LA PRODUCTION ET LE COMMERCE EXTÉRIEUR.

Au début du présent siècle, la production de la France en minerai de fer ne dépassait pas 5 millions de

---

1. Un haut fourneau dans les Landes, un dans les Pyrénées-Orientales. V. *La Sidérurgie française*, p. 121.

tonnes et elle ne suffisait pas à nos besoins. En 1900, la France exportait 371 798 tonnes de minerai de fer, mais elle en importait 2 119 003. Elle était donc obligée de faire venir de l'étranger 1 747 205 tonnes pour suffire à la demande de son industrie [1].

En 1913, la France produisait 21 714 000 tonnes de minerai de fer, plus de quatre fois plus qu'en 1900. Et, au lieu d'être tributaire des pays étrangers, elle leur vendait plus de 8 millions de tonnes, comme l'indiquent les chiffres suivants :

		Tonnes.
1913.	Exportations de minerai de fer. .	9 745 863
—	Importations —	1 417 063
—	Différence (excédent d'export.). .	8 328 800 [2]

Il serait difficile de trouver où que ce soit, voire même en Amérique, l'exemple d'une progression plus rapide.

Nous savons déjà à quelles causes elle se rattachait et comment l'invention du procédé basique Thomas, en permettant l'utilisation des minettes phospho-

---

1. Cette situation déficitaire était ancienne. Avant la guerre de 1870, la France manquait déjà de 344 000 tonnes de minerai de fer. En 1880 le déficit est de 1 054 000 tonnes; il atteint 1 325 000 tonnes en 1890. (V. *La Sidérurgie française*, p. 66, graphique n° 8).

2. C'est seulement en 1907 que, pour la première fois, les exportations françaises de minerai de fer ont dépassé les importations. L'excédent était alors de 148 000 tonnes seulement. En 1908, il s'élevait à 930.000 tonnes; en 1909 à 2 704 000; en 1910 à 3 575 000 tonnes; en 1911 à 4 826 000 tonnes; en 1912 à 6 870 000 tonnes. (*Id. ibid.*)

reuses de Lorraine, a déterminé le grand essor métallurgique de l'Est.

C'est, en effet, à cet essor qu'est due en très grande
partie l'augmentation de la production française de
minerai de fer. Sur le total de 21 millions et demi de
tonnes, plus de 19 millions provenaient du seul département de Meurthe-et-Moselle. A une autre extrémité
du territoire, les importants gisements d'Anjou,
Bretagne et Normandie fournissaient plus d'un million
de tonnes et leur situation à proximité plus ou moins
grande de la mer facilitait beaucoup leur exportation
par les ports de Caen, Nantes et Saint-Nazaire.

Cette situation favorable avait toutefois une fâcheuse
contre-partie. La métallurgie française ne trouvait pas
en France le coke dont elle avait besoin; elle était à
court chaque année de trois millions de tonnes de coke
environ. Elle avait pourvu en partie à ce déficit en
passant des marchés à échéances de très longue durée
avec ses fournisseurs françai;, en s'assurant aussi
quelques contrats pour des périodes plus courtes avec
des fournisseurs étrangers. Il y avait là un élément de
précarité contre lequel elle luttait, mais qu'elle ne
parvenait pas à détruire[1].

Pendant la guerre, ceux de nos hauts fourneaux
auxquels leur situation géographique permettait de

---

1. La consommation du coke avait varié en France depuis cin-
quante ans suivant le même rythme que sa production, mais l'écart
constant avait été de 40 p. 100 environ. V. *La Sidérurgie française*,
p. 54.

produire pour nous, n'ont pu se procurer qu'en Angle-terre le coke qui leur faisait défaut [1].

Après la guerre, comme nous l'avons déjà expliqué plus haut, notre capacité de production de minerai de fer est théoriquement doublée; mais notre déficit de coke est très sensiblement accru. La précarité résultant de ce déficit est donc plus marquée encore qu'avant la guerre. Elle s'aggrave, en plus, du caractère politique qu'elle revêt dans l'état actuel des relations internationales.

Quant aux exportations françaises de minerai de fer, elles n'ont pas encore atteint leur chiffre d'avant guerre. Elles ont oscillé autour de 5 millions de tonnes (1920 : 4 839 515 tonnes; 1921 : 5 297 991 tonnes). L'année 1922 marque un commencement de reprise avec 9 471 922 tonnes [2]. Il est très difficile de raisonner sur des chiffres afférents à une période aussi troublée de la métallurgie française.

L'essor de la production française des fontes a été moins rapide que celui de l'extraction des minerais, en raison de la grande quantité de minerais que nous exportions avant la guerre. Si nous envisageons les années qui suivirent immédiatement le traité de Francfort, nous relevons un tonnage de fonte ne dépas-

---

1. 49 000 tonnes dans le deuxième semestre de 1914
  225 000   —   —   1915
  790 000   —   —   1916
  670 000   —   —   1917
  517 000   —   —   1918
2. V. *Bulletin du Comité des Forges*, n° 3 721.

sant guère 1 200 000 tonnes. Ce tonnage augmente assez rapidement grâce aux importations de minerais étrangers auxquels notre métallurgie a recours. Il double en trente ans, de 1872 à 1902. A partir de cette époque le rythme d'accroissement est beaucoup plus vif. Le tonnage double, en effet, une seconde fois non plus en trente ans, mais en dix ans, de 1902 à 1912. Le tableau suivant indique cette progression :

Progression de la production de fonte en France.
(En millions de tonnes) [1].

1872	1,2
1882	2
1892	2
1902	2,4
1912	4,9
1913	5,3

A la veille de la guerre, cette production de fonte se répartissait ainsi qu'il suit sur le territoire français :

1º Meurthe-et-Moselle	71 p. 100
2º Nord et Pas-de-Calais	16 —
3º Centre et Ouest	10 —
4º Sud-Ouest	3 —
	100 p. 100

Ces chiffres confirment ce que nous avons dit plus haut au sujet de la situation géographique des hauts fourneaux français.

1. Voir *Bulletin du Comité des Forges*, nº 3371.

L'exportation de la fonte française était faible avant 1914. Elle allait constamment en diminuant. En 1913, l'excédent de nos exportations de fonte sur nos importations représentait seulement 67 061 tonnes. C'est donc un problème nouveau qui se présente aujourd'hui à la métallurgie française, et dans des conditions complètement changées, que celui de trouver un marché extérieur pour la fonte des hauts fourneaux lorrains qui nous sont revenus. Notre capacité de production de fonte est doublée. Notre capacité de consommation ne l'est certainement pas, car les hauts fourneaux de la Lorraine annexée travaillaient avant guerre pour des usines métallurgiques de la région rhénane-westphalienne qui sont demeurées allemandes. Il faudra donc, pour atteindre notre limite de production actuelle, trouver en dehors du marché français des débouchés absorbant un tonnage supérieur à celui que les Allemands trouvaient en dehors du marché allemand.

Jusqu'ici, le problème a été écarté par la situation exceptionnelle qui a fait obstacle à une production normale de fonte. Il y a eu, d'abord, la destruction d'un nombre important de hauts fourneaux français pendant l'occupation allemande. Il y a eu aussi la crise générale de 1921; il y a eu, spécialement pour la France, l'extrême difficulté ou l'impossibilité à certains moments de se procurer le coke nécessaire. Ainsi s'expliquent les chiffres de production de fonte suivants :

```
1920 . . . . . . . . . . .    3 433 700 tonnes.
1921 . . . . . . . . . . .    3 308 000   —
1922 . . . . . . . . . . .    5 228 577   — [1]
```

A ces chiffres faibles correspondent des excédents d'exportation plus importants proportionnellement qu'avant guerre :

```
1920 . . . . . . . . . . .    176 942 tonnes.
1921 . . . . . . . . . . .    618 270   —
1922 . . . . . . . . . . .    667 000   — [2]
```

La production française de l'acier était légèrement inférieure avant la guerre à la production de fonte, non pas tant à cause des exportations de fonte, qui étaient faibles, qu'en raison de la prédominance de l'acier Bessemer. Notre tonnage de 1913 était de 4 635 166 tonnes ; il avait suivi, depuis quarante ans, une progression sensiblement parallèle à celle de la fonte. Mais, malgré les constants progrès de l'intégration des hauts fourneaux et des aciéries, il ne se distribuait pas sur le territoire français de la même façon que le tonnage de fonte.

1º Meurthe-et-Moselle faisait 54,8 p. 100 de l'acier au lieu de 71 p. 100 de la fonte.

2º Le Nord et le Pas-de-Calais faisaient 24,3 p. 100 de l'acier au lieu de 16 p. 100 de la fonte.

3º Le Centre et l'Ouest faisaient 18,4 p. 100 de l'acier au lieu de 10 p. 100 de la fonte.

1. Voir *Bulletin du Comité des Forges*, nº 3 717.
2. *Id.*, nº 3 723.

4º Le Sud-Est faisait 2,5 p. 100 de l'acier au lieu de 3 p. 100 de la fonte.

Total : 100 p. 100[1].

Ainsi la région de l'Est n'avait pas, pour l'acier, le même degré de prépondérance que pour la fonte. Cela tient surtout aux aciers Martin, que la **main-d'œuvre** un peu fruste de Lorraine, recrutée souvent parmi des immigrants étrangers, n'était pas très apte à fabriquer. Au contraire, les anciens pays métallurgiques du Nord et du Centre possédaient une population ouvrière plus entraînée aux travaux délicats, plus à même, par conséquent, de collaborer à des fabrications soignées.

Pour la même raison, l'Est voyait son importance diminuer encore en ce qui concerne les produits finis, spécialement les produits à grand usinage exigeant non seulement une main-d'œuvre experte, mais une forte consommation de charbon. A la qualité médiocre des ouvriers venait s'ajouter l'éloignement du combustible. On calculait que Meurthe-et-Moselle ne figurait dans la production des produits finis que pour.   32 p. 100
le Nord et le Pas-de-Calais pour . . . . . . 30 p. 100
le Centre et la Loire pour . . . . 20 p. 100
l'Ouest et le Sud-Ouest pour. . . . .   8 p. 100

Total . . . . 100 p. 100

Enfin, si on arrive à la construction mécanique, le phénomène s'accentue encore. L'Est perd tout à fait

1. V. *La Sidérurgie française*, pp. 603 à 610.

sa supériorité et des régions sans houille ni fer, comme le bassin de Paris, ou des régions houillères comme le Nord, le Centre ou la Loire, constituent les grands centres d'activité.

L'exportation tenait une place assez importante dans l'écoulement des aciers français. Ce n'était généralement pas sous forme de lingots, mais sous forme de blooms, billettes et barres, feuillards, fils de fer, rails, qu'ils atteignaient les marchés étrangers. En 1913, le tonnage ainsi exporté se chiffrait par 894 095 tonnes contre des importations atteignant 152 408 tonnes, soit un excédent d'exportations de 741 687 tonnes [1].

Nos exportations d'aciers spéciaux étaient supérieures à nos importations de 4 726 tonnes. Mais pour la construction mécanique, nous importions plus que nous n'exportions (221 439 tonnes de machines et mécaniques contre 83 834 tonnes en 1913) et, de plus, nos exportations augmentaient moins rapidement que celles de nos rivaux.

C'est dans cette situation que la guerre nous trouva. Par suite de l'invasion, d'une part, et de la mobilisation, de l'autre, notre production d'acier atteignit difficilement une moyenne de 2 millions de tonnes pendant la guerre [2]. Inutile de dire que nos exporta-

1. *Bulletin du Comité des Forges*, n° 3 363.
2. En 1915. . . . . 1 088 000 tonnes.
— 1916. . . . . 1 952 000 —
— 1917. . . . . 2 332 000 —
— 1918. . . . . 1 808 000 —
Bulletin de Statistique générale, janvier 1921, p. 104.

tions étaient nulles au cours de cette période. Au contraire, l'Angleterre et les États-Unis nous fournirent, sous forme de fontes ou d'aciers, une grande partie des éléments métallurgiques qui nous faisaient défaut.

Depuis la cessation des hostilités, notre marché métallurgique n'a pas encore repris une physionomie normale, puisque sa production normale n'a jamais pu être atteinte. Le problème de l'exportation, qui se dresse devant lui, n'a donc pas encore reçu sa solution. Mais nous devons, tout au moins, examiner comment, sous le régime antérieur à la guerre, les difficultés rencontrées sur le marché national et sur les marchés extérieurs avaient été résolues ou atténuées par les comptoirs.

Ces difficultés pouvaient se résumer ainsi :

1º Notre marché national avait besoin d'être défendu contre une très vive concurrence;

2º Notre exportation avait besoin d'être organisée;

3º Mais il n'y avait pas entre notre production et notre consommation métallurgiques de menaces de déséquilibre aussi profondes et aussi fréquentes que dans l'industrie similaire allemande.

Aussi nos comptoirs métallurgiques français se distinguent-ils très nettement, soit des trusts à tendances monopolisatrices ou dominatrices, soit des cartells entraînés à réglementer souvent la production. Ce sont de simples organismes de vente en commun, se préoccupant d'écouler leurs produits d'après les meilleures méthodes de distribution, soucieux de se garantir contre la concurrence étrangère, mais s'armant pour porter la lutte en dehors de nos frontières. Tel est leur rôle général. Leur histoire mérite d'être brièvement rappelée.

2. — LA CONCENTRATION COMMERCIALE SUR LE MARCHÉ FRANÇAIS. — LES COMPTOIRS.

Le doyen des comptoirs français de la métallurgie fut le *Comptoir métallurgique de Longwy*, créé en 1876. C'était une société commerciale au capital de 120 000 francs pour l'achat à ses adhérents, maîtres de forges lorrains, des fontes qu'ils ne dénaturaient par eux-mêmes et pour la revente de ces fontes en France.

Il avait réalisé, en ce qui concernait ses membres, la substitution d'un vendeur unique, mais collectif, à des vendeurs dispersés individuels. Chacun des maîtres de forges adhérents au comptoir restait libre de produire en n'importe quelle quantité la fonte qu'il transformait lui-même dans des fonderies, des ateliers de puddlage ou des aciéries intégrés à ses hauts fourneaux. C'était uniquement pour la vente de la fonte mise sur le marché à l'état de fonte que leurs conventions les liaient.

Ces conventions avaient surtout pour but de distribuer entre eux les ordres de vente reçus par le comptoir, d'après certains coefficients arrêtés d'accord entre eux et représentant leur importance proportionnelle. Bien entendu, ils s'interdisaient toute vente directe à la clientèle.

Pourquoi avaient-ils souscrit ces engagements les uns vis-à-vis des autres? Pourquoi avaient-ils confié à un organisme commun spécial le soin de vendre leurs fontes? Parce qu'ils n'arrivaient pas facilement à les vendre chacun de leur côté. Rappelons la date de fondation, 1876. Nous sommes dans les premières années d'application du procédé basique Thomas à la fabrication de l'acier Bessemer. Les fontes lorraines provenant de la fusion des minerais phosphoreux vont désormais pouvoir donner des aciers résistants. Mais, comme il arrive toujours, leur réputation ancienne survit au fait nouveau. Il faut détruire cette mauvaise réputation, faire connaître, publier, la sorte de régénération dont elles viennent d'être l'objet. Cet intérêt commun des hauts fourneaux de Lorraine sera mieux servi par une société spéciale, se consacrant exclusivement à cet objet. Il s'agit en somme de lancer une marque nouvelle, ou plutôt une marque décriée, mais renouvelée. Tel est le but du Comptoir de Longwy.

Ce but, il pourra l'atteindre, parce que le produit dont il organise la vente en commun est un produit susceptible de classement par catégories. Il y a des genres de fontes différentes; il y en a d'assez nombreux, mais entre des gueuses de fonte de même catégorie et de provenance différente, il y a similitude, tout au moins dans la zone régionale couverte par le comptoir.

Mais la clientèle aura-t-elle à souffrir de cette entente de producteurs? Malgré quelques protestations provenant de la frayeur d'un mal possible, plutôt que de la souffrance d'un mal positif, on peut affirmer que non. Et la clientèle du comptoir, telle qu'elle était constituée, a retiré de sérieux avantages de sa création. C'était plutôt une clientèle modeste, composée non pas de très grands industriels, propriétaires de puissantes aciéries, mais de petits établissements de fonderie ou de puddlage. Les aciéries, nous le savons, commençaient déjà à s'intégrer aux hauts fourneaux, pour les causes que nous avons dites. Elles n'avaient donc pas, en général, à acheter leur fonte. Seules, quelques aciéries Martin, relativement peu importantes, recouraient au comptoir. Mais la plupart des fonderies et presque tous les ateliers de puddlage, au contraire, devaient acheter leur fonte au dehors. Plusieurs avaient intégré de petits hauts fourneaux dans une période antérieure. Mais l'avantage qu'avaient sur eux les hauts fourneaux modernes à grande production ne leur permettait pas de continuer la lutte et, d'autre part, la faible consommation des fours à puddler, l'emploi de plus en plus répandu de l'acier ne permettaient pas à des hauts fourneaux de 200 tonnes de production journalière de lier leur sort à celui d'un atelier de puddlage. Il y avait donc rupture d'équilibre et désintégration entre le haut fourneau et ces établissements, et cela précisément parce qu'ils restaient des établissements modestes par le fait des conditions techniques que nous avons exposées ailleurs.

Cette clientèle de fondeurs, de puddleurs, répandue surtout dans la Haute-Marne et les Ardennes, mais dont les représentants se trouvent aussi dispersés dans la Loire, le Centre, etc., appréciait beaucoup le fait que la plus petite entreprise était traitée par le comptoir comme la plus grande. Elle y voyait avec raison une protection légitime pour tous les petits et une aide précieuse pour les débutants. Ces associations d'anciens ouvriers constituées avec un capital de quelques milliers de francs parvenaient, dans certains cantons des Ardennes, à exploiter une fonderie à un ou deux cubilots, à fabriquer des paumelles, des crémones et autres objets de quincaillerie. Il leur importait de payer les mêmes prix que leurs puissants concurrents pour l'achat de leurs matières premières, de profiter des mêmes délais de paiement, des mêmes taux d'escompte. Non seulement ils obtenaient les mêmes conditions de vente; mais ils étaient assurés aussi des mêmes garanties de qualité. C'est surtout à eux que le comptoir a rendu service pendant sa période d'activité.

En 1905, le Comptoir métallurgique de Longwy s'était doublé d'un comptoir d'exportation des fontes; mais chacun des deux organismes conservait son indépendance complète. Le comptoir d'exportation était simplement destiné à faciliter l'exportation des fontes aux propriétaires de hauts fourneaux lorrains. Il n'a jamais joué de rôle que dans les périodes d'engorgement du marché qu'il a rendues plus supportables et plus courtes. On peut mesurer son importance à ce fait que jamais il n'a expédié à l'étranger plus de 184 000 tonnes de fonte dans une année. C'était, en réalité, un moyen de fortune pour dégager le marché en temps de crise. Au contraire, le Comptoir de Longwy a exercé, au début surtout, une heureuse influence sur la régularisation des prix et sur l'essor de la métallurgie de l'Est. Son action se faisait encore sentir efficacement jusque vers 1910; mais elle allait chaque année en s'affaiblissant et, dès avant la guerre, le comptoir ne tenait plus la place qu'il avait longtemps occupée. Il est facile de comprendre les causes de cette déchéance. En effet, au fur et à mesure que se généralisait l'intégration des hauts fourneaux et des aciéries, sous l'influence de la récupération des gaz, le nombre des hauts fourneaux vendant leur fonte d'affinage tendait à diminuer. D'autre part, les ateliers de puddlage voyaient leur importance décroître d'année en année, à mesure que les progrès techniques permettaient la fabrication d'aciers doux susceptibles d'être soudés. En 1905, la France produisait 670 000 tonnes de fer puddlé. En 1910, nous n'en trouvons plus que 526 000 tonnes; en 1912, moins de 500 000 tonnes et, pendant ce temps, la production de fonte double. C'était une clientèle qui s'amoindrissait de jour en jour. Ainsi, tandis que les hauts fourneaux tendaient à vendre moins de fonte, leurs clients tendaient à en acheter moins. Le résultat est que le Comptoir de Longwy, qui avait vendu en 1899 une quantité de 453 000 tonnes, soit environ 20 p. 100 de la production française, n'en vendait plus en 1910 que 355 675 tonnes, soit 8 p. 100 de la production française.

Dans ces conditions, le Comptoir ne devait pas se reconstituer après la guerre. Non seulement, il portait en lui les causes de faiblesse que nous avons dites; mais l'entrée en scène sur le marché des fontes lorraines du tonnage produit par les hauts fourneaux de la Lorraine désannexée obligeait à de nouveaux accords sur les coefficients. D'autre part, il était presque impossible de fixer utilement ces coefficients dans une période de reconstitution des usines dévastées, alors surtout que les aciéries à reconstruire ne seraient pas toujours prêtes à dénaturer la fonte au moment où les hauts fourneaux pourraient la livrer. Le Comptoir avait résolu le problème commercial de la vente des fontes lorraines de 1876 à la guerre. Mais le problème actuel se pose dans des conditions tout à fait nouvelles. L'exportation des fontes paraît devoir s'imposer dans une proportion beaucoup plus forte qu'autrefois et l'importance respective des établissements qui les produisent ne peut pas se mesurer avant que les dévastations de la guerre ne soient réparées et que les hauts fourneaux puissent travailler à leur capacité normale.

Parmi les autres comptoirs ayant joué un rôle

dans le développement harmonique de la sidérurgie française, il faut citer, pour les produits bruts, le *Comptoir des aciers Thomas*, qui groupait 5 établissements, mais de première grandeur, les syndicats du *ferro-silicium*, du *ferro-tungstène*, du *ferro-chrome*, organisés internationalement et jouant sur de faibles tonnages de valeur élevée.

Dans les produits de laminoirs, deux comptoirs importants s'étaient organisés, celui des *tôles et larges-plats* et celui des *poutrelles*. Le premier, bien qu'il ne comptât que 8 adhérents, avait un bureau de vente unique et exerçait une action marquée. Le second, celui des poutrelles, groupait 22 adhérents recrutés dans toutes les régions de la France. Il a joué un rôle important dans le développement de la production de la spécialité qu'il visait, comme on peut s'en rendre compte aisément par la comparaison de deux chiffres. L'année de la fondation du comptoir, en 1896, le tonnage de poutrelles fabriqué en France était de 175 000 tonnes; en 1912, seize ans plus tard, il était de 391 152 tonnes, soit plus du double. Le *Comptoir des poutrelles* avait été fondé, au surplus, avec la préoccupation dominante de se créer une clientèle nouvelle et de développer celle que possédaient déjà ses adhérents. L'usage des poutrelles métalliques dans l'industrie du bâtiment était peu répandu. Il s'agissait précisément de le substituer partiellement aux solivages de bois dont les architectes avaient l'habitude. Pour arriver à cette fin, le Comptoir prit soin de faire lui-même, sur ce point spécial, l'éducation des architectes et des entrepreneurs. Il prépara et distribua des albums indiquant la force de résistance des poutrelles, leurs modes d'emploi divers. Pour rendre plus aisée cette propagande commune et faciliter la tâche de ses clients, le Comptoir uniformisa les types produits par ses adhérents. Enfin, son organisation même assurait le service des acheteurs français avec une distribution géographique rationnelle, par conséquent dans les conditions de transports les plus avantageuses. Ce fut l'ensemble de ces efforts qui aboutit à l'augmentation de production signalée plus haut.

D'autres comptoirs groupaient les producteurs de produits spéciaux. C'étaient le *Comptoir des essieux*, celui des *ressorts de carrosserie*, celui des *clous*, etc. Tous n'avaient pas le même degré de cohésion et n'imposaient pas à leurs adhérents des disciplines aussi exactes; tous cependant exerçaient sur le marché une influence régulatrice.

Enfin, un *Comptoir général d'exportations métallurgiques* s'était constitué en 1904 pour les demi-produits et les produits finis. Ce comptoir unissait heureusement les efforts tentés par la métallurgie française en vue d'atteindre les marchés étrangers. Il avait donné d'excellents résultats, car dans les six premières années de son existence, les exportations dont il s'occupait avaient quintuplé, passant de 40 000 tonnes à 200 000 tonnes. Ce succès était dû

tout d'abord à ce fait que le groupement des expor-
tateurs permettait l'acceptation de commandes importantes qu'aucun d'eux n'aurait pu exécuter isolément.
Qu'une compagnie de chemins de fer de l'Amérique
du Sud traite pour une fourniture prompte de
6 000 tonnes de rails, aucune usine ne peut suffire à
faire la livraison en temps voulu; mais le Comptoir
peut traiter pour l'ensemble et répartir la livraison
entre les adhérents. Voilà un premier avantage, très
appréciable quand on a affaire à de gros clients comme
les chemins de fer. En second lieu, le Comptoir pouvait
consentir des sacrifices plus élevés pour la propagande,
la réclame, la recherche des acheteurs possibles. En
troisième lieu, il était en mesure de traiter d'égal à
égal avec d'autres groupements similaires étrangers,
d'obtenir l'attribution de zones d'influence, alors que
les particuliers ne pouvaient pas entreprendre de
pareilles négociations. Enfin, représentant des grands
intérêts industriels français, il pouvait s'appuyer sur
les grands travaux publics entrepris à l'étranger par
des Français, sur les capitaux investis par d'autres
Français dans des affaires exploitées à l'étranger,
pour réclamer et obtenir une part des fournitures
métallurgiques que comportent ces entreprises. Par
là, il rendait même un service d'ordre général en faisant contribuer à l'activité d'une industrie française
les initiatives françaises et les capitaux français
utilisés à l'étranger.

A la suite de la guerre, tous ces comptoirs ont

traversé une crise due au bouleversement général, d'abord, et aussi aux modifications profondes subies par le marché métallurgique français. Le Comptoir d'exportations métallurgiques, ayant disparu, fut reconstitué en union avec le Comptoir des poutrelles, sous le nom de *Comptoir sidérurgique français*. Mais l'incertitude de la situation, l'impossibilité de prévoir un cadre pour des opérations commerciales dont on ignorait tout, et la difficulté d'établir des coefficients de participation entre les adhérents ne permirent pas à la combinaison de durer au delà du 1er janvier 1923.

Il résulte de là que les comptoirs métallurgiques, si puissants pour la plupart avant la guerre, sauf le Comptoir de Longwy, dont nous avons expliqué l'effacement progressif, n'existent plus aujourd'hui. Il ne semble pas toutefois que leur rôle ait cessé d'être utile. On peut même supposer qu'il sera plus important qu'avant guerre. Mais ils ont besoin de se réorganiser pour répondre aux circonstances nouvelles.

Cette réadaptation est d'autant plus souhaitable que les comptoirs français avaient su se défendre contre les excès que peuvent engendrer les ententes. Nous avons déjà dit comment ils n'étaient ni monopolisateurs, à l'image de plusieurs trusts américains du début, ni exclusivement soucieux du prix de vente comme certains cartells allemands. Ils avaient, en outre, sur ces derniers, la supériorité d'une modération dont ils ont souvent donné les preuves. Alors que les cartells allemands allaient d'ordinaire jusqu'au bout de leur droit et que, par exemple, ils exigeaient l'observation rigoureuse de marchés à échelles devenus très onéreux par suite de circonstances imprévues, les comptoirs français jugeaient bon, dans des cas analogues, d'accorder à leurs co-contractants des remises et des tempéraments [1].

Est-il nécessaire de réfuter encore une fois ici l'accusation de politique malthusienne lancée contre toutes les ententes industrielles et dont la presse française s'est faite l'écho parfait? Nous avons déjà indiqué comment l'intérêt particulier de chaque entreprise est de produire le plus possible afin d'abaisser son prix de revient. L'intérêt collectif qui trouve son expression dans l'entente peut être *momentanément* de produire moins. A la longue, il est aussi de produire davantage en augmentant les débouchés. Dans ces conditions, n'est-il pas clair que l'intérêt syndical temporaire ne peut pas prévaloir longtemps contre l'intérêt individuel permanent? Toutes les ententes en ont fait l'expérience, et c'est une des grosses difficultés de leur organisation de maintenir la discipline contre l'intérêt personnel de leurs adhérents, en vue d'un but collectif à atteindre. Pour peu que le résultat se fasse attendre, la discipline du syndicat est menacée.

Ajoutons que la métallurgie française s'est développée dans les dernières années d'avant guerre avec une

---

1. Sur les cartells allemands et les comptoirs français, spécialement sur le Comptoir métallurgique de Longwy, voir *Les Syndicats industriels de producteurs.*

rapidité qui rend ces accusations puériles et ridicules. Qu'est-ce que cette politique malthusienne, poursuivie par de puissants groupes d'industriels, aboutissant à quadrupler le tonnage du minerai de fer, à doubler celui de la fonte, de l'acier, des poutrelles? Pourquoi tant d'efforts pour exporter sur les marchés étrangers? Les statistiques de la sidérurgie française suffiraient à elles seules à la venger contre l'accusation inconsidérément portée contre ses comptoirs.

Il convient de signaler, en terminant, le mouvement parallèle de concentration horizontale et d'intégration qui se poursuit sur le marché français de la même manière, bien qu'avec moins d'intensité, que sur les marchés anglais, américains et allemands. Des établissements nouveaux ont été créés en collaboration par plusieurs grandes entreprises métallurgiques. D'autres ont été repris par d'autres groupes dans les régions de l'Est rendues à la France. Même sur notre ancien territoire, des fusions complètes ou des accords étroits ont eu lieu entre des unités déjà puissantes. Il est possible que ce mouvement fasse obstacle, dans une certaine mesure, à la reconstitution des ententes. Il ne semble pas cependant qu'il soit assez puissant pour les rendre inutiles.

CHAPITRE XI

Quelques autres marchés métallurgiques.

Nous n'avons pas la prétention de présenter une
étude complète des marchés métallurgiques de tous
les pays industriels. Mais il nous a paru utile cependant
de caractériser les plus importants de ceux qui viennent
après les grands marchés nationaux déjà examinés.

1. — LE MARCHÉ MÉTALLURGIQUE RUSSE.

Nous commencerons par la Russie et nous n'avons
pas besoin d'expliquer pourquoi c'est la métallurgie
russe d'avant guerre qui nous occupera. Celle des
Soviets est négligeable jusqu'ici et nous ne possé-
dons pas de renseignements précis à son sujet. Cependant
dant ce n'est pas un hommage funèbre que nous voulons rendre à l'ancienne Russie. Quelles que soient
l'étendue et la profondeur du bouleversement qu'elle
vient de subir, il n'est pas croyable que la métallurgie
russe ne se relève pas un jour et, ce jour-là, certains

des éléments qui conditionnaient naguère son activité agiront encore dans le même sens. Alors même que leur influence se modifierait par suite des autres éléments avec lesquels ils auraient à se combiner, encore est-il qu'il faudrait les connaître et en tenir compte. Il est donc aussi utile à la préparation de l'avenir qu'à la connaissance du passé de les examiner ici.

La Russie se caractérisait au point de vue métallurgique par ce trait qu'elle produisait surtout de la fonte et de l'acier, qu'elle transformait l'acier brut en demi-produits, mais qu'elle allait rarement jusqu'au bout de l'opération et n'aboutissait pas généralement au produit fini. Elle en était, dans son ensemble, à un stade élémentaire. Cela tenait sans doute à l'abondance de ses ressources en minerai de fer et en houille à coke, d'une part, et d'autre part à la main-d'œuvre peu expérimentée dont elle disposait sur la plus grande partie de son territoire.

Les gisements de minerai de fer russes donnaient une production rapidement croissante dans les dernières années avant la Révolution. Inférieure à un million de tonnes en 1880, elle s'était élevée successivement en :

```
1890 à 1 million de tonnes.
1900 à 6    —          —
1910 à 5    —          —
1911 à 6    —          —
1912 à 8    —          — [1]
1913 à 9    —          —
```

1. *Bulletin du Comité des Forges*, nᵒ 3 054.

Le bassin du Donetz fournissait à lui seul environ les deux tiers de ce tonnage (67 p. 100) et l'Oural un cinquième (20 p. 100).

D'autre part, la Russie produisait une quantité relativement forte de minerai de manganèse dont on sait l'emploi actuel dans la fabrication des aciers. Depuis le commencement du siècle, le tonnage de minerai de manganèse extrait des gisements russes (Caucase 80 p. 100 et Donetz 20 p. 100) oscillait entre 400 000 et 1 200 000 tonnes. Le gisement de Tchiatouri en Géorgie fournissait à lui seul environ 30 p. 100 de la production mondiale[1].

Par une heureuse rencontre, le Donetz, qui produit 67 p. 100 du minerai de fer, produit aussi, et en quantité importante, la houille à coke. Il est même à peu près seul à en produire en Russie, la houille polonaise étant impropre à la fabrication du coke. Cette région du Donetz possède donc une sorte de monopole naturel pour la fonte au coke sur le territoire russe. Par là elle ressemble au Cleveland anglais, à l'Alabama et au Tennessee américains, mais avec une exclusivité beaucoup plus accentuée. Ce n'est pas seulement un bassin présentant des conditions particulièrement favorables à la grosse métallurgie; il est encore seul à les présenter en Russie et le coke ne se rencontre pas ailleurs en quantités importantes.

Au surplus, cette sorte de monopole se trouve tem-

1. *Bulletin de la Société d'Études et d'Informations économiques,* n° du 28 septembre 1922.

pérée par la survivance de la fonte au bois, à laquelle l'Oural demeure fidèle. En 1910, le quart de la fonte russe était produit au bois [1].

La région forestière de l'Oural, éloignée de la houille et disposant d'une vaste superficie boisée, constituait en Russie une sorte d'entité à part, spécialisée d'ailleurs, comme nous le verrons, dans certaines fabrications.

Ainsi s'expliquait la distribution de la production de la fonte en Russie, qui s'exprimait par les proportions suivantes :

        Donetz. . . . .   67 p. 100
        Oural   25   —
        Pologne.   8   —

La Pologne se procurait généralement en Allemagne le coke dont elle avait besoin pour traiter le peu de minerai de fer qu'elle possédait.

Ces trois régions progressaient, au surplus, d'une façon fort inégale. De 1880 à 1910, le tonnage de fonte du Donetz avait centuplé; celui de l'Oural avait doublé; celui de la Pologne avait quintuplé [2]. L'avenir paraissait donc assuré au Donetz, sauf l'éventualité possible de découvertes dans la Sibérie, encore mal et incomplètement prospectée.

Le Donetz présentait, en outre, l'avantage d'une forte concentration industrielle. Il comprenait seule-

1. *Bulletin du Comité des Forges*, n° 3 054.
2. *Id. ibid.*

ment 25 usines contre 210 dispersées dans les districts du Nord, de l'Oural, de Moscou et de la Pologne. Ce chiffre, rapproché de l'importance du Donetz, indique bien que c'était là que se trouvait l'organisation adaptée aux conditions modernes de l'industrie.

Mais au fur et à mesure qu'on s'éloignait de la fonte pour aller au produit fini, le rôle du Donetz diminuait. Nous avons vu qu'il faisait 67 p. 100 de la fonte; mais il ne produisait que 56 p. 100 de l'acier. Sur les produits d'acier les plus frustes il affirmait sa prépondérance (90 p. 100 des poutrelles, 78 p. 100 des rails); mais sur les tôles moyennes il tombait à 51 p. 100 et sur les tôles de toiture à 21 p. 100[1]. Par contre, la Pologne et l'Oural, qui possèdent une population ouvrière plus experte, remontaient leur production pour les produits finis et même pour l'acier Martin. La Pologne faisait une forte part de la construction mécanique. L'Oural produisait la moitié des tôles, y compris les tôles de toiture, pour lesquelles il avait une spécialité.

Il n'en est pas moins vrai que la Pologne ne pouvait pas se passer du Donetz producteur de fontes et de demi-produits. Et cette dépendance de la Pologne assurait la prépondérance du syndicat *Prodaméta*, représentant la grosse métallurgie du Donetz, sur le syndicat *Krovlia* qui groupait les fabricants de tôles de toiture de l'Oural.

---

1. *Bulletin du Comité des Forges*, n° 3 370.

Le Prodaméta avait été fondé en 1902 par douze grands métallurgistes du Sud. Il avait été développé en 1908 par l'accession d'entreprises polonaises. Il avait été renouvelé le 1er janvier 1912. Son but était d'équilibrer la production très rapidement croissante avec une consommation qui progressait suivant un rythme plus lent. Une chute générale des prix, survenue notamment de 1894 à 1901, rendait un remède nécessaire. Dans cette courte période, les fontes avaient passé de 112 à 67 francs; les poutrelles de 350 à 138; les fers marchands de 300 à 200[1]. Sans une intervention active, le mouvement pouvait se poursuivre et amener la ruine du Donetz. Le syndicat imposa à ses adhérents une réduction immédiate de leur production et s'efforça, en outre, d'organiser l'exportation pour leur permettre de revenir peu à peu, si possible, à leur pleine capacité. La proximité relative du port de Nicolaïef, sur la mer Noire, et de celui de Mariovpol, sur la mer d'Azov, devait faciliter sa tâche.

L'organisation du Prodaméta était complexe. Il groupait six comptoirs : celui des tôles moyennes fondé en 1902; celui des poutrelles et fers à U, de 1903; celui des essieux et bandages, de 1904; celui des tuyaux de fonte, de 1906; celui des rails, de 1907, et celui des fers marchands[2]. En principe, il effectuait

---

1. *Revue économique internationale*, juin 1911, article de M. E. DE LOISY.

2. V. une étude très complète sur Prodaméta dans le *Bulletin du Comité des Forges*, n° 3 370.

seul la vente des produits de ses adhérents; mais il avait dû accepter des tolérances pour des fournitures directes aux clients immédiats et par petites quantités. C'était une fissure qui compliquait beaucoup la marche du syndicat. Au lieu de s'en tenir à la discipline rigoureuse mais simple du bureau de vente unique, il avait fallu recourir aux sanctions des premières ententes. D'importants dépôts de garantie (50 000 roubles) étaient exigés de tout adhérent et assuraient le paiement effectif des amendes prononcées en cas de violation des engagements.

Le syndicat Prodaméta ne fut certainement pas étranger au développement des exportations métallurgiques russes pour les rails de chemins de fer. De septembre 1908 à août 1909, la Russie avait envoyé sur les marchés étrangers 140 000 tonnes de rails, soit la moitié de la quantité demandée par les chemins de fer de tous les pays en dehors de leur territoire pendant cette période [1]. Pour ce genre de produits, le Donetz pouvait lutter avantageusement avec ses concurrents étrangers.

Il s'en fallait, d'ailleurs, que Prodaméta trouvât auprès du gouvernement russe l'appui effectif que les grands cartells allemands recevaient des autorités de leur pays. Les grandes entreprises métallurgiques du Sud et Prodaméta, qui avait été créé par elles,

---

1. *Bulletin d'Information du Comité des Forges*, novembre 1909, p. 339.

étaient entre des mains pour la plupart étrangères. Par tendances personnelles et, plus encore, par nécessité politique, en vue de ménager le puissant mouvement de xénophobie qui s'affirmait en Russie, le Gouvernement ne voulait pas les favoriser. Il évitait le plus possible de passer avec elles des contrats de fournitures de charbons. Il se montrait peu disposé à accueillir les requêtes de leur syndicat. Mais sa mauvaise humeur avait beaucoup moins d'importance que si le Donetz avait construit des locomotives, des ponts ou des pièces d'artillerie. L'État n'était pas son client ou, du moins, n'était pas pour lui un gros client. Seuls, des métallurgistes et des constructeurs mécaniciens pouvaient acheter ses produits bruts et demi-ouvrés. Dès lors, Prodaméta parvenait à se développer sous l'œil peu bienveillant des pouvoirs publics. C'est qu'il avait pour base et pour soutien une industrie grandissante, pleine de vie et, semblait-il, d'avenir.

Au contraire, son rival, le syndicat Krovlia, représentait surtout une survivance. Il descendait une pente fatale. Mais il jouait encore un rôle. Pour comprendre l'importance de ce rôle, il faut d'abord se rendre compte de l'énorme emploi du produit spécial que le syndicat avait pour objet [1].

Car Krovlia était un syndicat de tôles de toiture. Dans un pays où la plupart des maisons sont en bois,

1. V. *Bulletin du Comité des Forges*, n° 3 370, p. 75 et suivantes.

le danger d'incendie est grand. Il était tellement grave avec des couvertures combustibles en chaume, et sous un climat qui exige le chauffage sous peine de mort, que l'on se préoccupa de bonne heure d'y parer. Telle est l'origine de la tôle de toiture fabriquée dans l'Oural depuis plus de deux cents ans. Elle est soumise à un procédé traditionnel de martelage en paquets de tôles chauffées au rouge sombre, entre lesquelles on jette de la poudre de charbon de bois. On arrive ainsi à produire une couche noire bleutée d'oxyde magnétique, incrustée dans la tôle, et qui la protège très efficacement contre la rouille. De plus, les tôles de l'Oural provenant de fontes au bois, combustible exempt de soufre, le métal est moins sensible à l'oxydation atmosphérique. En fait, certaines tôles de toiture de l'Oural ont duré authentiquement deux cents ans. Les tôles similaires obtenues dans le Donetz ne présentent pas le même degré de durée.

Et cependant, l'augmentation du tonnage des tôles de toiture en Russie provenait surtout de cette fabrication inférieure des usines du Midi, partant de la fonte au coke. En effet, la part de l'Oural dans la production générale croissante diminuait constamment comme le montrent les chiffres suivants :

Production totale des tôles de toiture.   *Part de l'Oural.*

1905 . . .	220 000 tonnes.	81 p. 100
1913 . . .	340 000 —	71 —
1919 . . .	413 000 —	58,5 —

On voit aisément la physionomie de la lutte engagée entre l'Oural et le Midi. L'Oural a pour lui la supériorité de la qualité; mais il est limité dans sa production par la forêt dont il dépend étroitement. Le Midi livre un produit moins parfait, surtout moins durable; mais il peut le fournir en quantité pratiquement illimitée et à un prix un peu moindre. Nous avons connu beaucoup de batailles ainsi engagées.

Pour la soutenir, la constitution du syndicat Krovlia était particulièrement nécessaire, en raison des conditions dans lesquelles s'opère, dans la région de l'Oural, le commerce des tôles de toitures. La vente ne peut avoir lieu que pendant la période de construction très rigoureusement limitée au printemps et à l'été. D'autre part, la région de production des tôles de l'Oural est en communication avec le marché russe principalement par les fleuves Volga et Kama. Il faut donc forcément emmagasiner les tôles d'automne et d'hiver dans les usines jusqu'à l'ouverture de la navigation fluviale, vers le mois de mai, puis les distribuer rapidement entre les entrepôts aménagés aux points de jonction des fleuves et des chemins de fer. Enfin, si la demande est active en été, si l'épuisement des stocks indique qu'il y a lieu de pousser la production des tôles et de la fonte, il n'est pas possible de le faire tout de suite; la quantité de fonte obtenue dépend, en effet, de la quantité de bois mise à la disposition des hauts fourneaux, et le bois ne peut être coupé qu'en automne et transporté qu'en hiver[1]. Donc, aucune souplesse; une prévoyance à long terme est indispensable et, pour qu'elle soit efficace, il est nécessaire qu'elle s'exerce sur l'ensemble de la région, qu'elle soit organisée collectivement.

Le syndicat Krovlia avait donc surtout pour but la vente des tôles de toiture de l'Oural dans des conditions qui leur permissent de lutter avantageusement contre les tôles du Donetz. Il ne semble pas que la surproduction l'ait jamais préoccupé. Et la preuve en est dans la méthode d'après laquelle il répartissait les commandes. Au début, il avait établi ses coefficients de participation suivant des exemples connus, et il fixait le tonnage global à distribuer entre ses adhérents d'après ces coefficients. Mais il avait renoncé ensuite à ce procédé et se contentait de faire la répartition des commandes en prenant pour base la production réelle de chaque usine syndiquée[2]. Ainsi, chacune d'elles pouvait à son gré augmenter son tonnage de production. On comprend assez bien, d'ailleurs, cette attitude de Krovlia vis-à-vis d'un danger ordinairement si redouté. La fabrication de la fonte au bois constituait, en effet, un frein qui ne permettait qu'un usage très modéré de la liberté théorique laissée aux adhérents du syndicat.

Jusqu'à la Révolution russe la production métal-

---

1. V. *Bulletin du Comité des Forges*, n° 3 370.
2. *Id. ibid.*, p. 100.

lurgique se maintient à un niveau légèrement inférieur à celui d'avant guerre, comme l'indique le tableau suivant : .

PRODUCTION MÉTALLURGIQUE DE LA RUSSIE

(en milliers de *pouds* [1]).

Années.	Fonte.	Demi-produits.
1913. . . .	282 960	300 232
1915. . . .	225 991	251 287
1916. . . .	231 865	260 886 [2]

Depuis la Révolution, il est difficile d'avoir des renseignements exacts. Voici, sous toutes réserves, des chiffres permettant une comparaison :

(En milliers de *pouds*).

Années.	Fonte.	Acier Martin.
1913. . . .	282 960	259 268
1921. . . .	7 107	11 156
1922. . . .	11 254	21 556 [3]

Mais il convient de faire une mention spéciale de la Pologne, dont les hauts fourneaux produisaient en 1913 un tonnage de fonte de 410 000 tonnes et qui, dès 1921, s'inscrit pour 60 000 tonnes, soit 14,13 p. 100.

1. Le *poud* = 16 kg. 381.
2. *Bulletin du Comité des Forges*, n° 3 419.
3. *Bulletin de la Société d'Études et d'Informations économiques*, 24 février 1923.

de sa production d'avant guerre[1]. Son relèvement
paraît entravé surtout par les difficultés qu'elle éprouve,
dans les circonstances actuelles, pour s'approvision-
ner en coke. Elle ne peut s'en procurer qu'en Silésie
ou en Tchéco-Slovaquie, mais sans pouvoir passer
de contrats de durée et avec toutes les vicissitudes
que comporte un change désorganisé.

2. — LE MARCHÉ MÉTALLURGIQUE BELGE.

Le marché métallurgique belge présente un contraste
frappant avec le marché métallurgique de la Russie.
Au lieu d'un immense empire commençant à exploiter
très incomplètement d'abondantes richesses, nous
avons en face de nous un royaume à territoire restreint,
possédant des ressources métallurgiques trop faibles
pour jouer un rôle marquant dans l'industrie de la
fonte et de l'acier, mais très développé économiquement, ayant à sa disposition une main-d'œuvre experte
et abondante, une production houillère relativement
considérable, enfin très bien desservi par mer, par
fleuves et canaux, par chemins de fer, sorte de carre-
four de routes de toute nature, où il est facile de faire
aboutir les matières premières et d'où les produits
fabriqués seront distribués dans d'excellentes conditions. Ce pays aura forcément peu de grosse métallurgie; mais certains produits finis et la construction

1. *Bulletin du Comité des Forges*, n° 3 691.

mécanique pourront s'y développer. Voyons le détail de ses ressources.

La Belgique produit depuis longtemps une forte quantité de houille proportionnellement à la faible superficie qu'elle occupe. Mais le tonnage qu'elle extrait augmente moins rapidement que dans la plupart des autres pays. En 1870, elle produisait un peu plus que la France (13 697 118 tonnes) contre (13 330 308 tonnes). En 1913, soit quarante-quatre ans plus tard, la France produit près de 41 millions de tonnes, la Belgique près de 23 millions[1]. Et pourtant, on sait combien la production houillère française se développe lentement.

Mais le déficit belge est beaucoup moindre. Jusqu'au commencement du siècle, la Belgique exportait même plus de houille qu'elle n'en importait. C'est en 1906, pour la première fois, qu'on observe un excédent d'importations de houille. A la veille de la guerre, il était de 3 à 4 millions de tonnes[2]. L'activité industrielle du pays s'était accrue plus rapidement que celle des houillères.

Le déficit s'accusait, au contraire, d'une façon marquée en ce qui concerne le minerai de fer. Dans les dernières années d'avant guerre, le tonnage de minerai de fer extrait des gisements belges allait en déclinant vers 150 000 tonnes, quelquefois moins. Jamais, depuis vingt-deux ans, il n'avait dépassé

1. Tableaux statistiques du *Comité des Forges*, 1914.
2. *Id.*, p. 50.

312 000 tonnes [1]. Mais les minerais lorrains étaient tout près de la frontière belge et la mer rapprochait économiquement les minerais espagnols de Bilbao. Ces deux sources alimentaient les hauts fourneaux belges dans la proportion de 90 p. 100.

Dans ces conditions, le minerai venant aisément de l'étranger, le coke étant fourni en quantité plus que suffisante par la houille à coke belge (3 millions et demi de tonnes de coke en 1913), la production de la fonte avait à peu près quadruplé depuis 1870 (632 000 tonnes en 1870 contre 2 484 000 en 1913) [2]. Elle était sensiblement égale à la moitié de la production de fonte française.

Cette production est, d'ailleurs, insuffisante pour l'activité des dénatureurs belges de fonte. Elle l'est d'une manière constante, car le tableau du commerce extérieur des fontes belges marque depuis 1870, uniformément, un excédent de tonnage importé. Cet excédent, qui tendait à s'accroître, variait, entre 1910 et 1912, de 600 000 à 700 000 tonnes [3].

Mais cette fonte ressort, et au delà, soit, dans une faible mesure, sous forme de demi-produits, soit, en quantités plus importantes, sous forme de barres, de profilés, de rails et de tôles. L'exportation croissante atteignait en 1913 les tonnages suivants :

1. Tableaux statistiques du *Comité des Forges*, 1914, p. 53.
2. *Id.*, p. 55.
3. *Id.*, p. 60.

Acier brut et demi-produits . . .   110 327 tonnes.
Barres, profilés et fils (poutrelles
   comprises).. . . . .   800 628   —
Rails et tôles. . . . .   196 223   —[1]
                                   1 107 178 tonnes.

Ces chiffres manifestent clairement l'activité des usines métallurgiques belges, bien placées pour acheter les fontes en excédent provenant d'Angleterre, de France et d'Allemagne, utilisant leur main-d'œuvre et leur houille, et exportant des produits finis grâce à la proximité d'un grand port maritime.

Il ne semble pas que le terrible bouleversement de la grande guerre ait modifié très sensiblement cette situation. La crise générale de 1921 s'est fait cruellement sentir en Belgique. La production de la fonte en a été affectée au point d'être réduite à 35 p. 100 du tonnage de 1913 (874 390 tonnes au lieu de 2 484 000); mais le commerce extérieur offre la même courbe générale qu'avant guerre, bien qu'avec des chiffres très atténués. La Belgique importe cette année 366 777 tonnes de fonte (58 p. 100 du chiffre de 1913); mais elle se rattrape sur les importations de ferrailles (225 652 tonnes, soit 186 p. 100 du chiffre de 1913). Elle fabriquera de l'acier Martin grâce à cet apport de riblons et transformera plus de métal brut qu'elle n'en produit, ce qui lui permettra d'exporter [2].

1. Tableaux statistiques du *Comité des Forges*, 1914, p. 61 à 63.
2. V. *Bulletin du Comité des Forges*, n° 3 656.

On comprend bien le rôle de la Belgique en étudiant spécialement l'industrie du matériel de chemins de fer. L'excédent de ses exportations sur ses importations dans cette spécialité allait toujours en augmentant au cours des années d'avant guerre. Il atteignait 450 000 tonnes environ pour l'ensemble des rails, des tôles et des voitures. Toute fabrication à grand usinage se trouvait favorisée dans ce pays à communications faciles, à main-d'œuvre compétente et peu coûteuse, à houille abondante.

Sur ce marché ouvert à tout venant, déversoir naturel des produits en excès dans les pays fermés du voisinage, il n'était pas possible de réserver la clientèle nationale aux producteurs nationaux, de prévenir les crises d'engorgement. Cependant, la concentration commerciale s'y manifestait à différentes reprises par l'existence de comptoirs métallurgiques [1] qui groupaient les industriels belges en vue d'une action commerciale concertée. Depuis la guerre, on a annoncé que treize entreprises belges des plus importantes (Cockerill, Ougrée-Marihaye, etc.) auraient constitué pour un an une société de vente en commun sur le même programme que l'ancien comptoir de l'acier [2].

Cette initiative est encore trop récente pour qu'on

---

1. V. l'ouvrage de M. DE LEENER sur *Les Ententes des Producteurs en Belgique.*

2. *Bulletin de la Société d'Études et d'Informations économiques,* 2 août 1921.

en puisse apprécier la portée. Cependant, rapprochée des créations anciennes de comptoirs beiges, elle montre que l'action isolée ne suffit plus, même dans le cas très particulier de la Belgique, à résoudre le problème commercial qui se pose à la métallurgie.

3. — LE MARCHÉ MÉTALLURGIQUE ITALIEN.

L'Italie est le pays d'Europe le plus mal pourvu par la nature au point de vue métallurgique. C'est avec un effort persévérant, dont on suit le résultat dans les statistiques annuelles, qu'elle arrivait à produire en 1913 moins d'un million de tonnes de houille (701 081), près d'un demi-million de tonnes de coke (498 412) et six cent mille tonnes de minerai de fer (601 116)[1]. Avec ces ressources plus que modestes, elle ne pouvait pas posséder de grosse métallurgie. Sa production de fonte brute était de 426 755 tonnes. Grâce à ses importantes installations de houille blanche elle commençait à fabriquer de la fonte au four électrique (4 700 tonnes en 1913); mais ce ne pouvait être là qu'un appoint de tonnage peu important.

Au contraire, la houille blanche, en lui fournissant de l'énergie moins coûteuse que celle produite par la vapeur avec des charbons étrangers, permettait un certain développement des industries métallurgiques de transformation. Pour leur fournir un aliment,

1. Tableaux statistiques du *Comité des Forges*, 1914, p. 138 à 140.

l'Italie importait des fontes brutes (221 697 tonnes
en 1913), des aciers en lingots (7 288 tonnes), des
riblons, chutes, etc., pour la fabrication de l'acier
Martin (267 354 tonnes) [1]. Grâce à cela, elle arrivait
à produire plus d'un million de tonnes de fer et d'acier
(142 820 tonnes de fer, 160 000 tonnes de lingots
d'acier et 846 085 tonnes de produits finis). En plus,
elle importait 267 354 tonnes de demi-produits et
de produits finis.

Le marché métallurgique italien se caractérisait
donc par ce fait que l'industrie nationale était tout
à fait insuffisante à le pourvoir. Mais elle s'ingéniait
à rendre le pays de moins en moins dépendant de
l'étranger pour les produits finis, et elle y arrivait
dans la mesure que nous venons de préciser. L'effort
accompli était dû principalement aux établissements
de construction mécanique italiens, dont quelques-
uns, Ansaldo, par exemple, constituaient de puissantes intégrations d'aciéries, de laminoirs, d'équipement électrique, de fabrication de matériel de
chemins de fer, de construction navale.

Pendant la guerre, ces établissements situés généralement sur le littoral de la Méditerranée pour recevoir plus aisément leurs charbons et leurs matières
premières, développèrent leurs moyens d'action en
vue de la fabrication du matériel de guerre. Depuis
lors, ils se sont appliqués de nouveau à leurs buts

---

1. Tableaux statistiques du *Comité des Forges*, 1914, p. 144.

ordinaires; mais il en est résulté un ralentissement d'activité extrême, surtout dans les hauts fourneaux, dont la production est tombée au-dessous de 100 000 tonnes. La crise générale de consommation devait atteindre, plus durement en Italie que nulle part ailleurs, la fabrication de la fonte, toujours si défavorisée par les conditions permanentes que nous avons dites [1]. Elle a été moins grave pour l'acier, dont la production a pu se maintenir au chiffre de 943 000 tonnes en 1922, après être descendue à 700 000 en 1921, alors que pendant la guerre, en 1917, elle avait dépassé 1 330 000 tonnes. Cette meilleure résistance à la crise confirme le caractère général de la métallurgie italienne, plus apte à fabriquer les produits finis qu'à produire des métaux bruts.

Mais son insuffisance en face des besoins du pays ne lui permet pas de se réserver le marché national. Les droits protecteurs dont elle jouit lui servent, du moins, à assurer sur ce marché l'écoulement de ses produits. Encore faut-il, dans certains cas, entre les intéressés, une action concertée en vue d'atteindre ce résultat. C'est à quoi s'appliquent les groupements constitués à différentes époques. Il existe actuellement une entente entre les forges et les aciéries. C'est, en réalité, une réunion d'usines généralement intégrées en vue d'organiser l'emploi des

---

1. V. *Bulletin du Comité des Forges*, n° 3 731, p. 7.

fontes et aciers nationaux par les établissements nationaux de transformation. La concentration commerciale se réduit à peu près à ce seul objet. Cela se comprend dans un pays où l'exportation de produits métallurgiques descend à de très faibles tonnages (4 673 tonnes en 1922 [1]).

4. — L'ANCIEN MARCHÉ AUSTRO-HONGROIS ET LE MARCHÉ TCHÉCOSLOVAQUE.

L'ancien marché austro-hongrois, très fermé par de hautes barrières douanières, se suffisait difficilement, mais cherchait à se suffire. L'Autriche-Hongrie avait une production de houille déficitaire qui l'obligeait à importer en 1913 environ 13 millions de tonnes; mais ses gisements abondants de lignite produisaient 36 millions de tonnes et permettaient une exportation de 7 millions de tonnes. Elle produisait 5 millions de tonnes de minerai de fer et en demandait près d'un million de tonnes à l'étranger. Sa production de coke (2 721 000) se complétait par un excédent d'importations de 600 000 tonnes environ. Elle parvenait ainsi à une production de fonte de 2 366 829 tonnes, à une production d'acier de 2 682 619 tonnes, et son commerce extérieur métallurgique se traduisait par de très faibles chiffres [2].

1. *Bulletin du Comité des Forges*, p. 3 733.
2. V. Tableaux statistiques du *Comité des Forges*, 1914, p. 37 à 46.

C'était bien le type d'un marché fermé, desservi autant que possible par la seule industrie nationale.

Sur ce territoire ainsi isolé, les cartells métallurgiques s'efforçaient de tirer profit des droits de douane et de réglementer la production pour assurer son équilibre avec la consommation.

Au moment où la guerre éclata, toute la concentration commerciale s'exprimait par le cartell sidérurgique autrichien (*Œsterreichisches Eisenkartell*), qui groupait les producteurs de fonte, d'acier brut, de poutrelles, de tôles, de produits marchands, de matériel fixe de chemins de fer, de clous, vis et rivets [1]. Ce cartell ne comportait pas de bureau de vente, ni même de fixation officielle des prix. Il se bornait à établir le *quantum* de production de chacun de ses adhérents. Un « Bureau de Décompte », organe du cartell, enregistrait et répartissait les commandes. Il exerçait son contrôle par l'examen des livres qui devaient lui être communiqués. En somme, le cartell veillait à empêcher l'engorgement sur ce marché que les droits de douane avaient isolé artificiellement, mais que les ressources du sous-sol préparaient à cet isolement.

En dehors de ce cartell général, des cartells de spécialités groupaient ensemble les producteurs de tôles minces, de tuyaux de fonte, de tubes en fer forgé, de fils et pointes, de moulages d'acier, d'essieux, de

---

1. V. *Bulletin du Comité des Forges*, n° 3164.

bandages, de roues montées, etc., etc. Leur politique était en harmonie avec celle du grand cartell.

Les profondes modifications apportées par la guerre et les traités dans l'Europe Centrale ont jeté bas tout cet échafaudage. L'Autriche-Hongrie n'existant plus, l'Autriche diminuée s'est trouvée réduite à une production métallurgique insignifiante [1] d'environ 300 000 tonnes de fonte. La Tchécoslovaquie est la principale héritière de ses mines, de ses hauts fourneaux et de ses aciéries.

Mais le marché tchécoslovaque est bien loin de présenter l'équilibre dont jouissait autrefois, en le favorisant, il est vrai par quelques artifices, le marché austro-hongrois. Les districts industriels attribués à la Tchécoslovaquie avaient produit en 1913 les tonnages suivants :

Houille	14 millions de tonnes.	
Lignite.	22,6	—
Coke métallurgique. .	2,5	—
Minerai de fer. . . .	1	—
Fonte	0,3	—
Acier.	1,2	—

Il suffit de lire ces chiffres pour se rendre compte qu'ils sont peu en harmonie les uns avec les autres. Il en résulte que la Tchécoslovaquie a grand besoin des marchés étrangers, soit pour fournir à sa métallurgie du minerai ou de la fonte, soit pour fournir des débouchés à ses produits finis.

1. V. *Bulletin du Comité des Forges*, nᵒˢ 3 741 et 3 727.

Les circonstances qu'elle a traversées depuis sa naissance ne lui ont pas facilité ces échanges indispensables à sa métallurgie. La crise générale de 1921 est venue compliquer encore le problème ; les efforts méritoires et efficaces de son gouvernement pour maintenir et améliorer sa monnaie ont rendu momentanément plus difficile l'exportation de ses produits. Les chiffres de production et ceux du commerce extérieur traduisent cette situation :

PRODUCTION MÉTALLURGIQUE TCHÉCOSLOVAQUE
(En milliers de tonnes).

	Houille.	Lignite.	Coke.
1919.	10 359	16 695	1 393
1920.	11 134	19 440	1 470
1921.	11 621	20 560	1 135
1922.	9 882	18 522	639

Minerai.	Fonte.	Acier.
435	272	786
520	181	972
509	216	917
87	27	640 [1]

Au point de vue du commerce extérieur, la Tchécoslovaquie a pu exporter en 1922, malgré les obstacles signalés, un excédent d'environ un demi-million de tonnes de houille (1 025 960 tonnes contre 511 288 tonnes

1. V. *Bulletin du Comité des Forges*, n° 3747.

importées); trois millions et demi de tonnes de lignite;
250 000 tonnes de coke; 100 000 tonnes de produits
métallurgiques divers; par contre ses importations
dépassent ses exportations pour le minerai de fer
(90 000 tonnes) et pour la fonte (140 000 tonnes)[1].
Lorsque l'activité de ses échanges ne sera plus entravée au même degré par la situation politique et
économique générale, sa production métallurgique
pourra revenir à la normale de 1913.

L'action concertée des industriels sera certainement
utile pour obtenir ce résultat. Dès aujourd'hui ils
s'y préparent et un cartell métallurgique tchèque,
qui paraît être le continuateur de l'ancien cartell
sidérurgique autrichien, s'est créé pour dix années le
23 mai 1922. Les problèmes qu'il aura à résoudre
seront très différents de ceux que le cartell autrichien
avait connus.

5. — LES VARIATIONS DE LA CONCENTRATION COMMERCIALE SUR LES MARCHÉS MÉTALLURGIQUES.

La revue rapide que nous venons de faire des principaux marchés métallurgiques met en relief les variations sensibles de la concentration commerciale en
fonction de la situation de chacun de ces marchés.

Elle varie en intensité. Elle est faible, presque
inexistante parfois, dans les pays à marché ouvert

1. V. *Bulletin du Comité des Forges*, n° 3720.

pouvant exporter largement, comme la Grande-Bretagne ou la Belgique. Elle est forte dans les pays à marché fermé, se réservant la clientèle nationale, exportant avec difficulté, en surmontant de sérieux obstacles et grâce à l'action concertée des industriels. C'est le cas de l'Allemagne, des États-Unis, de la France, de la Russie et de l'Autriche-Hongrie avant la guerre.

Elle varie aussi dans sa forme. Tantôt, en effet, elle se manifeste par le trust commercial, volontiers dominateur, poursuivant par une puissante intégration l'amélioration de ses procédés de distribution et l'abaissement de son prix de revient. Tantôt elle s'exprime par la constitution d'un cartell rigoureusement discipliné où chacun, ayant besoin des autres pour obtenir l'équilibre de la production et de la consommation, accepte une réglementation étroite et se démet du service commercial de son entreprise entre les mains d'un bureau de vente. Tantôt enfin, et c'est là sa forme la plus pure de tout mélange, elle aboutit au simple comptoir recherchant les avantages de la vente en commun.

Ainsi l'observation nous révèle des adaptations diverses aux conditions diverses de chaque marché. Ces conditions ne sont pas purement économiques; elles sont aussi sociales; elles se rattachent aux aptitudes de certaines races à se grouper, à leur conception ambitieuse ou modeste de la lutte commerciale, à la docilité de leur tempérament et à bien d'autres éléments encore. Mais elles sont dominées par un fait général, par la nécessité actuelle de faire le commerce en grand sur le marché national et, plus encore, sur le marché international.

Par suite, les procédés divers employés dans les différents pays ne sont pas des exemples à suivre à la lettre par d'autres pays. Chacun d'eux est une solution convenable à ce pays, au moins temporairement. Aucun d'eux n'est une panacée, un système à appliquer.

Mais le fait même de la concentration commerciale, quelle que soit sa forme, s'impose de plus en plus dans l'industrie métallurgique partout où, dépassant le stade élémentaire, elle se constitue en grands établissements obligés de faire effort pour s'assurer, soit sur leur territoire national, soit en dehors de leurs frontières, les larges débouchés qui lui sont indispensables.

TABLE DES MATIÈRES

LA MÉTALLURGIE

Coulommiers. — Imp. PAUL BRODARD. — 4026-10-24.